霍大同精神分析讨论班
第一卷

精神器官解剖学与一、二阶人格结构的形成
（2004—2006年）

霍大同 讲授

邹 静 记录

谷建岭 刘 瑾 秦雪梅 整理

图书在版编目（CIP）数据

霍大同精神分析讨论班. 第1卷，精神器官解剖学与一、二阶人格结构的形成：2004—2006年 / 霍大同讲授. — 北京：商务印书馆，2024
ISBN 978-7-100-23553-2

Ⅰ. ①霍… Ⅱ. ①霍… Ⅲ. ①拉康(Lacan, Jacques 1901-1981)－精神分析－思想评论 Ⅳ. ①B84-065 ②B565.59

中国国家版本馆CIP数据核字（2024）第066954号

权利保留，侵权必究。

霍大同精神分析讨论班·第1卷
精神器官解剖学与一、二阶人格结构的形成（2004—2006年）
霍大同　讲授
邹　静　记录
谷建岭、刘瑾、秦雪梅　整理

商 务 印 书 馆 出 版
（北京王府井大街36号　邮政编码100710）
商 务 印 书 馆 发 行
三河市尚艺印装有限公司印刷
ISBN 978-7-100-23553-2

2024年11月第1版　　开本 889×1194 1/32
2024年11月第1次印刷　印张 7 1/2

定价：58.00元

本书受四川大学"创新火花"项目(立项编号:2018hhf-08)资助出版。

序 言

一

我们首先假设存在着一个屏—膜的结构,在这个屏—膜之下是神经元的活动,在这个屏—膜之上则是精神象的活动。说它是屏,是一个精神性的假设;说它是膜,是一个生理性的假设。因此它是一个精神与物质的双重假设。

在这一双重假设之下,我们将精神的器官区分为四层,由下往上分别是:无意识的精神病性的层面(内内道)、无意识的神经症性的层面(内中道)、内意识的层面(外中道)与外意识的层面(外外道)。

当我们获得了这一精神器官解剖学的结构之后,我们突然发现它竟然与佛教的"八识"结构存在着某种对应的关系。即如果我们将眼识、耳识、鼻识、舌识与身识视为外意识，将意识理解为内意识之时，则末那识就对应着无意识的神经症性结构，阿赖耶识则对应着无意识的精神病性结构。真是"天底下没有新东西"。

我们还进一步将精神器官的每一个层面区分出形象的、声象的与情绪的三个纵向的维度，从而将在无意识中仅仅包括物表象（形象）与情绪的弗洛伊德思想和在无意识中仅仅包括能指（声象）的拉康思想统一起来。

更进一步，每一个精神象都是由柏拉图所强调的先天理想象与亚里士多德所强调的后天经验象的结合体。

由于每一个在屏一膜上的精神象的结合体都既是综合性编码的，又是分析性编码的，因而它所对应的屏一膜之下的神经元的集合，也是由两个子集所组成的。一个是综合性的子集，另一个是分析性的子集。

对于具有共同特征的精神象而言，一个精神象对应的神经元集合与另一个精神象所对应的神经元集合之间是可能有重叠与交叉的。

我们根据精神分析的临床经验提出了一个足够复杂、足够细致、足够明确的关于精神器官的假设。如果这一假设能够被证明的话，则我们就会获得一个对精神器官的正确的系统性的理解，就会有一个真正的精神器官解剖学的建立。

我们还将力比多理解为神经递质在屏—膜上的宏观效应,将冲动理解为神经元的电位变化在屏—膜上的宏观效应。在屏—膜上,当力比多投注达到一阈值后,就有一个卸载,从而推动了或者抑制了精神象的运动。

因此力比多的释放是有阈值限制的,冲动是一种周期性的脉动。当力比多投注接近阈值,但还未被卸载时,就是焦虑的状态。也就是说,焦虑是力比多的临界效应,是力比多要转化为,但又未转化为冲动的状态。

更进一步,我们还将力比多与冲动分为起兴奋作用的力比多与冲动和起抑制作用的力比多与冲动。

还将力比多与冲动分为基础力比多与基础冲动和性力比多与性冲动。

将这两个分类综合在一起,我们就有兴奋的基础力比多与冲动、抑制的基础力比多与冲动,兴奋的性力比多与冲动、抑制的性力比多与冲动。

也就是说,我们将弗洛伊德的力比多分为四种类型,将他的生冲动修改为起兴奋作用的冲动,将他的死冲动修改为起抑制作用的冲动,将他的自保冲动修改为基础冲动。弗洛伊德曾将自保冲动与性冲动归为生冲动,死冲动则平列出来，而我们则认为基础冲动（自保冲动）与性冲动既是起兴奋（生）作用的，又是起抑制（死）作用的。

最近几十年，治疗精神疾病的药物有了一个长足的发展，这显然得益于神经科学的长足进步，得益于神经递质研究的丰硕成果。

药物对神经递质紊乱的调节与电位阈值的调节对应于屏—膜之上的对力比多的调节与冲动的调节，也就是说药物极大地改善了力比多对精神象的投注和精神象运动的阈值，但却没有改变精神象本身及精神象间的相互关系。而精神象自身及相互关系的改变只有通过精神分析设置下的分析者的自由言说才能够实现。

在此意义上，药物的治疗与言说的治疗是互为补充的。更具体地说，精神病性的疾病治疗应以药物为主，言说为辅；神经症性的疾病和介于精神病性与神经症性之间的边缘性疾病的治疗应以言说为主，以药物为辅。

二

如果说我们的精神器官解剖学的工作更多地是一种精神分析现代化的努力的话，那么，我们的一、二阶人格结

序 言

构的研究则更多地是精神分析中国化的努力。

我们将人格结构定义为一个中空一象、外周四象的五元的结构。这个五元结构可以是东、西、南、北、中的五元结构、五行结构。如果我们将中空一象理解为太极，将外周四象中的正正一相理解为老阳，将负负一相理解为老阴，将正负一象理解为少阴，将负正一相理解为少阳，则这一结构就是阴阳四象加太极的周易的逻辑结构。

也就是说，我们以中国传统的阴阳五行逻辑来构建一个人格的基本结构，但是在这一人格的基本结构中，我们已经看不到阴阳五行逻辑的经验内容了。

正正与负负两极具有三重功能，一是起先天理想象的功能，对后天经验象进行编码；二是起着制造虚幻象的功能，是幻觉与想象产生的地方；三是后天的极端的经验象登录的地方，代表着极端状态的经验的形象、声象与情绪。

正负与负正的中间相位则代表趋于中间，但又有所偏离的两种常态的经验状态，起着对这样两类经验的形象、声象与情绪进行编码的作用。

外周四相是从中空相与外部世界互动中产生出来的，因而中空一相就起着整合上述外周四相的作用，从而使外周四相能够相互对立、相互制衡、相互转换，同时它自己亦有明空、玄空、灰空与黑空这样四个子相。

那些阴阳五行的经验内容已经被我们扫除了，只剩下一个纯逻辑的框架，然后我们在这一纯逻辑的框架中填写上全新的经验内容，这或许属于冯友兰先生所说的"抽象继承法"的工作吧。

由于任一人类存在都是由另外两个性别相异的人类存在（母与父）所决定的，因而其人格结构亦是由这两个性别相异的人类存在的人格结构所决定的。

由于任何一个人类存在都是在母亲体内所孕育的，因而任一人类存在都是首先与母亲相遇，然后再与父亲相遇的，因而这一人类存在，即孩子主体在与母亲彼者的互动中，形成其一阶的基础性人格结构，然后再与父亲彼者互动，形成其二阶的基础性人格结构，并同时与作为女人的母亲彼者和作为男人的父亲彼者互动形成其性别化的人格结构。

在形成其性别化人格结构的过程中，孩子主体不仅要认同于同一性别的母亲或者父亲，不仅要认异于不同性别的父亲或者母亲，而且还要以异性的父亲或者母亲为原型，虚构出一个由形象、声象和情绪三个维度组成的异性

序 言

象，并且在以后的生活中以这一虚构的异性象为原型来寻找自己恋爱的对象。

在人类主体与母亲、父亲互动过程中所形成的最为基本的人格结构中，虚构的异性象的形成是这一至少的人格结构完全形成的标志，是这一至少的人格结构完全形成的最后一笔，最后的一个要素。也就是说，只有建立起了虚构的异性象，这一至少的人格结构才算完成。

我们可以把形成虚构异性象看成俄狄浦斯冲突的和平的解决方式，根据我们的临床经验，弗洛伊德所观察到的俄狄浦斯冲突，即孩子主体为了争夺异性的父亲或母亲彼者而产生的与同一性别的母亲或父亲彼者之间的冲突，主要发生在孩子主体与异性父亲或者母亲彼者之间具有一种过度兴奋、过度亲密从而固着于其中的躁狂状态上，是一种少数的极端的情况。与之对应的是另一种亦是少数的极端的完全相反的情况。孩子主体未能与异性的父亲或者母亲彼者建立起一种起码的兴奋与亲密，从而负面地固着在与异性父亲或者母亲的关系中，结果成为一种性冷淡者、性抑郁者。

大多数的处在一种与异性父母有适度兴奋、适度亲密（即兴奋稍微多于抑制，亲密稍微多于疏离）的关系中，或者处在一种与异性父母有适度抑制、适度疏离（即抑制稍微多于兴奋，疏离稍微多于亲密）的关系中的孩子主体，都能够以异性父母为原型虚构出一个形象、声象和情绪的三维的异性象，从而完成其性别化人格结构的形成过程。

在外显的、实的孩子主体与母父彼者互动的三元关系的背后，是内隐与外显、虚实相间的四元结构。

三

我们这套讨论班书稿能够出版，首先要追溯到邀请我到法国去学习的、已经仙逝的法国著名汉学家贾永吉（M. Cartier）先生和我的朋友康征先生，在此向他们表示由衷地感谢！

还要由衷地感激也已经仙逝的我的精神分析家吉布尔（M. Guibal）先生！

我们的这套讨论班书稿能够出版主要得益于陈小文先生、郑勇先生、关群德先生和学生居飞先生。是在同上述先生的讨论中，出版的事宜才最终由陈小文先生敲定下来，因而我们衷心地感谢他们！接下来是由丁波先生、李

序 言

强先生和王璐女士的具体负责，因此我们也由衷地感谢他们！

我们还要由衷地感谢我们的学生，也是文稿的记录者邹静女士、吴蕤先生、石岩先生、寿刘星先生、滕晓女士、汤慧女士、武丽侠女士等！

我们更要衷心地感谢第一卷谷建岭先生、刘瑾女士、秦雪梅女士和协助整理者贺丹雅女士。感谢第二卷至第十卷的整理者秦雪梅女士、刘珂汗先生和协助整理者李钰玺先生、张砚舒女士和徐雪婷女士。

最后还要感谢四川大学社科处与成都精神分析中心对这套讨论班文稿出版的鼎力支持。

霍大同

二〇二一年七月于川大农林村

Content 目 录

第一讲 （2004 年 9 月 1 日）...1
第二讲 （2004 年 9 月 8 日）...12
第三讲 （2004 年 9 月 15 日）.......................................28
第四讲 （2004 年 9 月 22 日）.......................................32
第五讲 （2004 年 10 月 7 日）.......................................40
第六讲 （2004 年 10 月 13 日）.....................................42
第七讲 （2004 年 10 月 20 日）.....................................50
第八讲 （2004 年 10 月 27 日）.....................................54
第九讲 （2004 年 11 月 10 日）.....................................60
第十讲 （2004 年 11 月 17 日）.....................................64
第十一讲 （2004 年 11 月 24 日）..................................68
第十二讲 （2004 年 12 月 1 日）....................................74
第十三讲 （2004 年 12 月 8 日）....................................80
第十四讲 （2004 年 12 月 15 日）..................................83
第十五讲 （2005 年 1 月 5 日）......................................89
第十六讲 （2005 年 1 月 12 日）....................................99
第十七讲 （2005 年 1 月 19 日）..................................107

第十八讲 （2005 年 9 月 21 日）..................123

第十九讲 （2005 年 9 月 28 日）..................135

第二十讲 （2005 年 10 月 12 日）.................145

第二十一讲 （2005 年 11 月 2 日）................156

第二十二讲 （2005 年 11 月 16 日）...............163

第二十三讲 （2005 年 11 月 23 日）...............174

第二十四讲 （2005 年 11 月 30 日）...............182

第二十五讲 （2005 年 12 月 7 日）................190

第二十六讲 （2005 年 12 月 28 日）...............197

第二十七讲 （2006 年 1 月 4 日）.................205

第二十八讲 （2006 年 1 月 11 日）................213

第一讲[1]
（2004年9月1日）

在中国精神分析学界，成都派被称为拉康派，但是我们的拉康讨论班准备了十年都没有开始。这是因为拉康的工作是对弗洛伊德的重读，如果对弗洛伊德一无所知，那么读拉康就没有意义；只有对弗洛伊德有一个了解，再读拉康才有味道。为此我们准备了将近十年，这次就正式进入拉康。

另一个原因是我本人的问题，因为对拉康要一字一句地读懂是很难的。我在法国时，发现拉康派的分析家，虽然他们既是拉康的分析者[2]，而且也参加了拉康的讨论班，

---

[1] 以下各讲中的内容，如无特别说明，均为霍大同教授所讲授。
[2] 分析者（analysant）指的是在精神分析临床中的接受分析的那个人；分析家（analyste）指的是精神分析临床中接受分析者的那个人。

但是他们读拉康的文本仍然有困难。对我来说,当然除了理解上的困难,还有语言上的困难。

之所以想读拉康,有两个原因:一个是从2000年起有不少拉康的精神分析家来成都做讨论班;另一个是我本人希望通过临床来理解拉康,因为拉康的理论是分析实践中的一场革命,包括以弹性的时间做分析。这种临床的变化,使我真正地理解了拉康,所谓"理解",当然是我自己的理解。到现在为止,拉康的讨论班就是建立在临床基础上的,是在拉康建立的临床的基础上来讨论的。

在某种程度上,可以说拉康创造了他的临床,并且以此为基础,用他所创造的概念来重读弗洛伊德。如果他完全和弗洛伊德一样,我们就没有必要读拉康;之所以要读拉康,恰恰是因为拉康的临床是他自己创造的,他对无意识有一个崭新的理解,然后在这个基础上重读弗洛伊德。

今天我们读的是《弗洛伊德的技术文集》(拉康第一个讨论班,1953—1954年)这个文本。

有一个困难,我要先提醒一下,这就是拉康的著作本身非常难;不仅如此,我有很多联想,在这个阅读课程中我会把我的想法谈出来。因此这就是一个双倍的困难,很有可能大家会比去年还要痛苦。

第一讲 （2004年9月1日）

弗洛伊德本人文本的意义，因为我在课堂上没有像文献学家一样做基本的考证，所以大家对弗洛伊德的"小汉斯"个案的理解感到有困难，对我的阅读的理解就更有困难；所以，某种程度上，大家的作业让我多少有一点失望。在阅读中间，我有我自己的阅读。显然这是一个机会，我要把我的理解说出来；还好有一个记录者，可以把它记录下来，大家可以事后阅读。我想今年比去年更难，不过没有关系，能够理解多少算多少；大家事先知道很难，也就不会很失望。同时，从这学期开始，我准备跟大家一起来做一个练习，就是说文解字。2002级的学生做过这个工作，后来没有再做，也许精神分析的训练必须加上一个文献学的功夫，但是我们没有做。为什么没有呢？因为我在反复思考，这种做法本身是否是必需的。从我们2004年的个案介绍来看，实际上外国人看得更清楚，某种程度上，有过文献学基础的人，做出来的个案细致深入得多；没有这样的训练的人，要粗略得多。

西方的个案当中，尤其是一些关键性的、最精彩的地方，让我想到中国的一个说法——"读破"，也就是从日常的、集体的意义上去读破，读出个人的意义。如果没有读破，就不行。我的想法是每回读四次拉康，然后做一次说文解字的训练。也许每个人做一个小时，每个人自己选一个字来做。这个字随便选，我们已经做过的就不再做了；但是如果你有新的体会，觉得以往的考证上有问题，还是可以再做。无论是阅读拉康，还是做工作，心态需要固着在所关注的那个地方，然后反复思考。这方面，2002级的同学因为高一年级，做得好一点。说文解字是用放大镜去看一个字，从形音义去看一个字。2003级的人轮完了就由2004级的接着做，大概就是这样安排的。

我们还是和上学期一样：先阅读拉康的原文，然后讨论。下面由姜余开始。

姜余译读《弗洛伊德的技术文集》[①]。（略）
译读完毕，进入讲授环节。

我想说两点，这两点是交织在一起的，而且是和中国的文化联系在一起的。

首先是禅宗，在这里我们看到拉康和禅宗的参话头联系起来了。不过，这就引出了一个问题，就是说：拉康是

[①] Le Séminaire de Jacques Lacan, Livre I, *Les Écrits Techniques de Freud*, 1953-1954, Editions du Seuil, 1975.

第一讲 （2004年9月1日）

在读了禅宗大师的文献后才改变了他的分析模式，即从固定时间改为弹性时间，还是拉康本人是在他的临床实践发生革命性变化之后才读到禅宗，从而找到了弹性时间的理论根据？这是我们不知道的，也许有朝一日可以求助于拉康的年谱研究。在拉康开讨论班前，拉康到巴黎的东方语言学院取得了一个学术文凭，那时已经有日本禅宗的文本翻译成法语。我们能够看到，当时拉康在临床中遇到一个问题，这就是固定的时间。据说拉康本人在和他的分析家鲁文斯坦（Rudolph Maurice Loewenstein）做分析时，情况很糟糕：拉康感到分析非常的沉闷无聊；而同时，按照一些历史学家的评论，鲁文斯坦没有发现拉康不能在一个固定时间的分析中接受分析。于是，临床的问题显然会引起拉康的思考。这时，他求助于东方的灵感。无论他是在变化之前还是在变化之后读到禅宗的公案，对拉康来说，有一样东西是本质性的，这就是要跟随分析者的自由联想的滑动来决定分析的进程，精神分析家一定要在这个分析者自己马上就要找到症结所在的那个时刻，才给予解释，分析家最基本的解释就是让这个分析在什么地方停止。

中国的"句读"，是指读文章时在哪里断句。我们可以把一个分析者的无意识的结构比喻为一篇没有断句、没有标点符号的古文。这时在分析者的言说中，整个结构的运作是以古文的书写方式呈现的；只有加上正确的断句，才有可能让其意义浮现出来。这个"正确的断句"不是客观意义上的，而是主观意义上的，正如古文的断句一样。如今，大量的古代文本以加标点的形式出版；在同一文献的不同版本之间，经常出现很多关键句子有不同断句的情况，而不同的断句就意味着不同的理解，可见断句具有相对性。精神分析家的工作，基本的工作，就是断句的工作，就是呈现出一个结构。对拉康的弹性分析时间的解释，之所以没有在西方文献中找到支撑，而是在中国的禅宗中找到支撑，其中一个原因在于，禅宗的实践本身是和中国的传统，阅读古文的传统，联系在一起的。在禅宗之前，佛教修行的人们差不多是进行一种禅定的实践：打坐、入定，从而获得明镜般的感觉。禅宗的革命从慧能开始，其中重要的一点是以参话头去掉了固定的打坐：当一个人通过语言表现出他处在马上就要理解禅的意义并试图表达他所理解的禅的意义而不能的时候，师父给予一个出其不意的表达来启示他。这是两个无意识的运作，然后两者相遇；这不是客观的、呆板的相遇，而是动力学的、相对的相遇。这是中国禅宗思想对拉康的支撑。

第一讲 (2004年9月1日)

为什么在西方的文本中，拉康找不到支撑呢？是因为在精神分析的理论中有一个悖论。什么悖论呢？这就是：一方面，弗洛伊德说，无意识不认识时间，无意识没有时间；而另一方面，弗洛伊德的弟子们对每一次分析时间又给予一个严格的规定，即40—45分钟。从实践上看，弗洛伊德本人并没有严格的时间规定，他是具有弹性的，是他的弟子们确定了一个固定的时间，这个规定进而又成了整个国际精神分析协会（International Psychoanalytical Association，缩写为IPA）衡量某个从业者是不是精神分析家的唯一的标准。虽然克莱茵（Melanie Klein）和安娜（Anna Freud）有很大的冲突，但是克莱茵仍然属于IPA，而IPA却指责拉康并开除了拉康，其中一个理由就是弹性时间。

为什么说这是一个悖论？因为无意识不知道时间，我们要通过分析让无意识表达出来，但分析的实施规则（固定时间）却恰恰是一个受牛顿力学支配的意识中的规则，它控制着分析的进程。从这个意义上说，无意识的整个运作就完全处在意识的时间控制之下，这样无意识当然不能自由地运转。我们听谁的？我们是听分析者的无意识的能指，还是听我们分析家自己内心的无意识的感受和反应，或者听这块表所代表的客观时间——在牛顿力学的意义上？

国际精神分析协会规定，必须设定一个固定的时间。爱因斯坦的相对论让我们理解，牛顿力学时间在相对论视域下仅仅是诸种时间中的一种。不过，这一观点所包含的相对论意义还没有从哲学的角度得到进一步阐释，基本上它还局限在量子理论的范围内。

有了这个悖论，在西方的框架中间，拉康找不到一个理由来支撑他自己的无意识的感觉。我们看到，尽管拉康始终强调与彼者的关系，而且它实际上是一个相对论的概念，是一个主体世界的相对论，但是主体世界的相对论仍然是主体世界的空间概念，因为主体始终是由彼者来定义的，主体和彼者的对应关系是一种空间的相对论。时间不是被拉康说出来的，而是通过他的临床表达出来的，同时也是借助于中国的禅宗大师的实践表达出来的，正是由此拉康才可以开始了他20多年的讨论。他在东方的实践中找到一个话头，然后开始了他的演讲。

第二个例子是大厨。在大厨的例子中间，怎么来分析剖理我们的无意识结构？在庄子"庖丁解牛"的故事中，每一个关节中都是有缝隙的，而刀没有碰到关节甚至肌腱，牛就被解开了。"分析"这两个字，就是用来形容大厨的。"情结""关节"，这两个词音近而义类。中国古代有一种理论叫"右文说"①，主张通过相同语音联系在一起的文字，其意义是一样的。"关节"有结点，找准这个结点，就可以用最小的力，甚至在没有抵抗的情况下把这个"结"解开。显然，这里有一个基本的假设，即：这些结构在表面上是相互缠绕在一起的，但是它们一定有缝隙。因此，只要分析家能够找到或者听到这些缝隙的所在，然后加以干预，把他的解释插入缝隙，就可以分解分析者的情结。这样的一种观点，是拉康分析的一个基本原则，它仍然是从东方文化中借过去的。至少在拉康使用这个例子的时候，我能断定，他一定是读了庄子的"庖丁解牛"的故事。而当初在拉康提出这个概念的时候，他得考虑的是防御的概念，也就是安娜提出的自我防御的概念。

当时，人们的研究更多集中在如何解除这种抵抗、这种防御上。针对这样的东西，拉康强调这个防御本身类似于一个情结，而这个结本身是有缝的；只要能够找到这个

---

① 右文说是中国古代汉语语言研究中一个非常重要的学说，指根据形声字的声符来推求词义；因为形声字的声符多在右边，因此被称为右文说。

缝，听到这个缝，就能瓦解分析者的抵抗，这是拉康对于当时精神分析潮流的回答。刚才说了分析者这一面，同样地，还要说一说分析家这一面，如果分析家自己没有学会断自己的古文的句，那么分析家就无法帮助分析者断他的古文的句。然而，如果要求分析家不是根据客观时间，而是根据他所听到的分析者的言说来决定他的断句，那么这就对分析家提出了更高的要求。相反，如果分析家是根据意识的时间来倾听分析者，我们就能很清楚地感到，分析家受到意识的控制，他并没有敞开让分析者进入他的无意识，而是当把他放在一边。

实际上，拉康想说：只有有了分析家的无意识的敞开，才有可能有分析者的敞开和自由言说；没有敞开的耳朵，就没有敞开的嘴巴。同时，有了这种敞开，才有可能让我们捕捉到这样的缝，而正是这缝才有可能让我们进行干预。如果固定在意识时间中，整个结构就是收紧的，就不可能看到缝隙，只能"乱刀去砍"；只有敞开了，这"刀"才有可能游刃有余。这是相互联结的关系，拉康正是在这样的基础上重新阅读弗洛伊德的。

拉康有两个临床上的独到体会，当他借用中国的例子来说明这两个体会时，便和中国传统的实践，和道家与佛家的实践有一种相遇，由此才使他有可能借这个话头重新阅读弗洛伊德。正是在这个意义上，可以说拉康的理论和实践更能为我们中国人所接受和理解。当年我读硕士的时候，有一次和同学们在咖啡馆聊天，其中一个同学说，想做一个关于拉康的未发表文本的评价，但是觉得非常困难。他开玩笑地对我说，也许你能懂。在法文中，如果说某东西是"中国的"，就意味着那东西太难，读不懂。也许我的这个同学无意识地联结了拉康的思想和中国的思想，不仅仅是说了句戏言。拉康之所以学中文，也许是因为在西方的符号中无法找到他想要的东西；为了进一步发展他的理论，拉康向程抱一学中文。就此而言，我们也许比法国人更懂拉康。说这些，我是为了打消一下你们的畏惧心理。

第二讲
（2004年9月8日）

讲两点，简短地说两点。

第一点是拉康给弗洛伊德划分了一些阶段，具体来说，拉康把弗洛伊德的整个思想划分成三个阶段。意识、无意识和前意识的提法，是在《释梦》中正式提出来的，然后是一个过渡阶段，包括1901年的《日常生活的心理病理学》。《癔症研究》讨论的是症状。语误、过失行为和梦，1901年弗洛伊德对这三者有一个专门的研究，这一研究建立了当时基本的理论：拓比理论。到1920年的《超越快乐原则》，弗洛伊德提出了一个新的对子；之前是自我保存和性冲动，在《超越快乐原则》中则是生和死的冲动。第二年，即在1921年的《群体心理学及对自我的分析》中，他又提出了第二个拓比理论：它我、自我和超

第二讲 （2004年9月8日）

我。这两个拓比理论之间的这段时期，拉康视为过渡期。

关于元心理学，弗洛伊德一共写了十篇文章，但是觉得不满意，现在保存下来了五篇，这是弗洛伊德理论上的努力过程。在拉康对这个理论过程的叙述中，他强调了技术问题的重要性，这个问题是弗洛伊德一直在讨论的，从《癔症研究》到《可结束的与不可结束的分析》。弗洛伊德对分析的技术的思考和理论的思考都建立在临床的基础上，通过倾听患者的话语来解释和构造他的理论。

我的一个想法是：弗洛伊德的前期理论建立在癔症处理上，以癔症为基础；后期则是和强迫症联系在一起的，因为他提出生和死的冲动时强调的是重复，而重复在强迫症中表现得最为明显。在强迫症中可以看到人格之间的相互冲突，例如强迫症患者始终在说："我没有办法控制那个东西，我知道不用洗手，但是我就是要去洗。"在这里可以看到一个"我"的分裂，正是在这个冲突中，弗洛伊德创立了第二个拓比理论。当然我没有得出最后的结论，但差不多可以讲，弗洛伊德的理论是建立在神经症的基础上。

第二点，拉康情况与此相反，他在精神病院工作，他的博士论文是关于妄想狂方面的，而且拉康早期的镜像理论显然是对他写博士论文时所遇到的妄想狂的人格特征的一个解释，一个一般性的解释，因此拉康的出发点和弗洛伊德的出发点所触及的问题是不一样的。

镜像理论以后，也就是第二次世界大战以后，拉康开始强调语言的作用：通过镜子建立想象的维度，通过语言建立符号的维度，而临床的出发点则是他遇到了一个精神病患者。在这里，我在猜测，从思想的角度来说，对一个精神分析学家来说，他自己遇到的临床和他自己的理论是一种什么关系。拉康和弗洛伊德不一样，弗洛伊德自己做了一个自我分析，可以说他做了一个文字性的分析，他分析他自己的梦。弗洛伊德对梦的分析是以他自己的梦为基准的，然后他以之为基础去分析其他人的梦。在《日常生活的心理病理学》中，大量的例子还是来自于弗洛伊德本人，其中既有一个自我分析，同时又有一个文字分析。在形成理论的过程中，他还与他的朋友弗利斯（Wilhelm Fließ）通过写信进行交流。

在2004年峨眉山开的那个会①上，我们讲到，有分析者在固定的时间给他们的法国分析家写信，情形类似于我

---

① 指成都精神分析中心2004年在峨眉山召开的主题为"中西方无意识之差异"的中欧精神分析研讨会。

们的电话分析。显然弗洛伊德不断地给弗利斯写信也是一种分析，这意味着弗利斯成了弗洛伊德的分析家。当然他不是分析家，他既未接受分析家的训练，也不认为自己是分析家。拉康在鲁文斯坦那里做的分析的结果非常糟糕，双方都非常不满意，这促使拉康去分析和理解关于分析的设置。拉康强调临床。拉康自己做分析，是第二次世界大战后才开始的。拉康对分析设置的一个调整是时间的变化，即做一个短程的分析，也就是无意识的弹性时间的分析；另外一个调整则与空间的设置问题有关。当时很多人认为精神分析的设置是一种事关两个个体的心理学，拉康认为不是这样，还有一个第三者，它就是语言。可见，拉康对分析本身的设置有他的理解，通过引入第三者语言，他对分析的空间设置有一个新的理解。

　　拉康的分析技术和理论是从临床的角度提出来的，然后他开始重读弗洛伊德。当然，对我来说，那时弗利斯就好像是弗洛伊德的分析家，弗洛伊德需要向某个人开口说话；通过说话，哪怕是通过文字，他才能理解他自己。但是拉康的分析却是非常糟糕的，有很多东西拉康没有对分析家说，他的分析是失败的。在将近十五年的时间里，是否有一个人对于拉康起着弗利斯对于弗洛伊德一样的作用？从我看到的拉康传记来看，没有。那么拉康是如何思考的？因为对弗洛伊德的理解，对弗洛伊德的再阅读并提出自己的理论，是一个非常复杂漫长的过程，虽然临床的工作是必要的，但是拉康内心还需要一个对话者。通常在分析中可以把分析家假设为必需的对话者，那么拉康在思考时，他的对话者是谁？是他的分析家，还是弗洛伊德，或者另有一个实在的人？这是我刚才想到的问题，也许值得大家去研究。

拉康在开始他的讨论班时，他的理论已经形成。但是，我没有发现分析家的圈子里有人和他进行过讨论；也许他是在内心进行的讨论，但这仍然需要一个对话者。他是假设了一个可以对话的分析家，还是把分析家放在一边，假设弗洛伊德作为一个对话者？我们不能确定。可以确定的是，在拉康的"回到弗洛伊德"的口号中，他一定经常和弗洛伊德对话，和弗洛伊德讨论。他要思考弗洛伊德为什么这样说，这样说的好处是什么，缺陷是什么。一定有这样的对话，没有这样的对话就没有拉康的口号的提出。

拉康在阅读弗洛伊德的时候，精神分析学界实际上有三个基本潮流。第一个是以安娜·弗洛伊德为代表的流派，她把弗洛伊德的后期拓比理论简化为自我和自我的防御，这一派也许可以称为原教旨的精神分析。第二个观点是由克莱茵提出的。弗洛伊德提出了超我理论，认为超我是由父亲来代表的，并且作为俄狄浦斯情结的解决；孩子认同父亲从而内化了父亲的规则系统，于是形成一个双重的、禁止性的超我。克莱茵的发展，主要表现在对前俄狄浦斯期，以及母亲和孩子的关系的研究上。这一潮流在20世纪40至60年代，是最具代表性的。第三个潮流是文化派。这一派中有很多人直接批评弗洛伊德，认为弗洛伊德只强调生物学的因素是不够的，霍妮（Karen Horney）、弗洛姆（Erich Fromm）提出应该强调文化因素。拉康就是在这三个大的潮流中逐渐冒出来的。相较于第一个潮流，拉康既不是简单重复，也不是压缩弗洛伊德的第二个拓比理论；同时，拉康也考虑了克莱茵的理论，然后给出了一个弗洛伊德式的回答；而且，拉康同样强调语言和符号的作用，这是他对强调文化作用的第三派的一个回应。但是，第三派这些人只是做出一般性的否认，而拉康的工作则是基于临床的实践。和所有文化派成员不一样，拉康坚持弗洛伊德的发现和他自身的临床，他想要回答为什么可以通过言说从事治疗，而这个言说和整个语言系统是有关系的；到现在为止，尽管心理治疗和咨询，在方法上有差别，但是双方都是建立在言说基础上的，这个基础本身是需要我们研究和回答的。拉康在重读弗洛伊德的时候，没有直接评论两个拓比理论，没有正面触及这个问题，而是从临床出发，从两个过渡阶段的技术性的问题开始。这是一个分析家的阅读，分析家从来不去攻击保护得好的部分，这是因为它越重要，它的防御就越严密，你要进攻就越发困难。

拉康说，一个好厨师要在防御最薄弱的地方切入。所以，不是从《释梦》，不是从《癔症研究》，而是要从相对不是很重要的地方来阅读弗洛伊德。之所以他有这个想法，和他本人在临床上的工作有关。正是在临床上，他找到了一个结合点，即通过自己的临床来重读弗洛伊德，而重读弗洛伊德又是从弗洛伊德的技术文字开始的。就此而言，可以说，拉康对弗洛伊德的阅读是一个精神分析家式的阅读。

学生：文本中说弗洛伊德"带着他的儿子"，这个"儿子"是指思想吗？

霍大同：当然是思想。当时弗洛伊德就确定把荣格

第二讲 （2004年9月8日）

（Carl Gustav Jung）当作他的精神上的儿子，但是荣格本人拒绝了。

学生： 有没有类似弗利斯的人在拉康的理论发展中出现？

霍大同： 你所提的问题也是当时反对拉康的人所提出的质疑，虽然对这个问题的回答是否定的，但他重读弗洛伊德是肯定的。安娜·弗洛伊德把他父亲的东西简化了，没有深入讨论。克莱茵研究的是儿童的问题，在弗洛伊德那里，母亲是一个被爱的对象，是不重要的，被置于一旁。当然，克莱茵也继承了弗洛伊德的观点，但她的工作是开创性的，是一个新的工作，和安娜的儿童精神分析不一样。而好母亲、坏母亲，好客体、坏客体，相对弗洛伊德的理论来说，都太简单了。到目前为止，精神分析的理论太简单了。生物学的理论已经很复杂了，比如可以通过解剖、基因等研究来定位和解释生物学。而相较于生物学，精神系统的复杂性应该有一个更为复杂的理论来解释，但目前精神分析的理论还很简单。克莱茵和弗洛伊德没有一个反复的对话。文化性学派没有理论构造，是很松散的。

而拉康有一个理论的构造，这就是我反复强调的拉康的原图 L 图式[①]，见图 2-1：

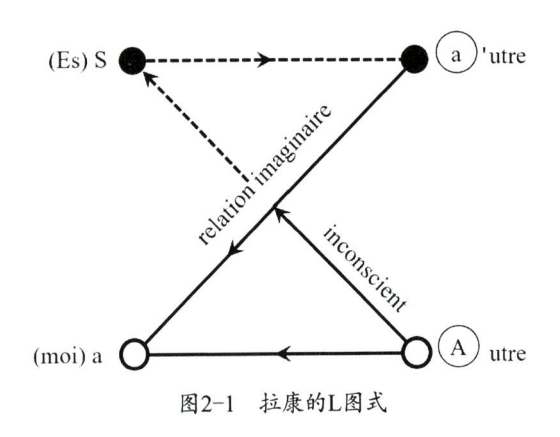

图2-1　拉康的L图式

这个图脱胎于弗洛伊德的第二个拓比理论。从中可以看到，当时的问题是：它我在弗洛伊德那里类似于一个坩

[①] L 图的命名大概具有双重意义，拉康在这里玩了一个文字游戏：其一，拉康在 1955 年的第二个讨论班中引入了该图式，因其类似于大写的希腊文"*Lambda*"（Λ），被称为 L 图；其二，"L"也是拉康姓氏的第一个字母，因此 L 图也可以被称为拉康图。在 L 图式中：左上角 S 表示主体，左下角 a 表示自我，右上角 autre（通常以 a' 表示，以和表示自我的 a 相区分）表示小彼者，右下角 Autre（通常以 A 表示）表示大彼者。由 autre 指向 a 的斜线，表示想象关系（relation imaginaire）；由 Autre 指向 S 的斜线，表示无意识（inconscient）途径，其前半段为实线，后半段为虚线，表示主体和大彼者的关系始终被想象关系所阻隔，因此当主体对大彼者说话时，始终是反转地接受到来自大彼者的主体自身的讯息。

第二讲 （2004年9月8日）

坍，而拉康则说它是一个言说的主体；然后，自我是一个相对于它我、超我和现实的东西，一仆侍三主，而拉康说它是通过镜像构成的；另外，在弗洛伊德那里，超我被认为是孩童在3—5岁以后接受父亲的禁令形成的，而拉康则说"大彼者"作为一个符号性系统是孩子出生前就存在的。而且在弗洛伊德的拓比中，自我理想没有地方放置，同时和理想自我是混淆的：一个是禁忌性的东西，一个是孩子认同的父亲。拉康说自我是一个镜像，在弗洛伊德那里，自我、它我和超我没有清楚的形式区分，他只是说超我是以声音的形式出现的，自我不言而喻地被假设为是以视觉的形式出现的。

拉康把拓比理论从三个元素变成四个元素，同时把没有维度的东西变成了两个维度，从而构成了L图。如果拉康没有与人反复进行讨论，这一变化就几乎是不可能的，毕竟有那么多分析家，他们也有天分，为什么他们没有这样做？可以想见，拉康肯定是和弗洛伊德有过反复的讨论，而且一定是反复的讨论。当然，目前我们只能是说是在他内心里反复讨论。

从一个抵抗和抗御最少的地方开始阅读，是一种分析家式的阅读，而这是最关键的。这一点刚才已经提及。拉康理论是和临床建立在一起的，对此要反复理解。

和拉康派比较起来，上述那三派和弗洛伊德一样都没有清楚区分两个维度，即想象和符号，而实在是不能言说的。拉康派的分析是两个维度的分析，因此拉康派的分析比其他的分析要细腻一倍。

上学期读"小汉斯"案例时没有像现在这样读，因为当时我想讲更重要的"洞"的概念。以后我们再重新阅读时会做这样的分析。

学生：文言文中，宾语提前的情况很常见，这和法文是否较为接近？在这个意义上，能不能说主体也许是被遮蔽的，也许成了客体？

霍大同：宾语前置和动词前置在古汉语中是比较常见的，但刚才你说的不是宾语前置，而是定语或者状语前置，这样的前置更为常见。一般而言，语法上的差别是否意味着思想上的差别？现在人们以为答案是肯定的，但这只是一个假设，这样的假设没有更多的材料来支持它。比如写信时在信封上写地址，我们始终是中国＋四川＋成都＋四川大学＋哲学系这么个顺序，而英语、法文的书写方式则是倒过来的。究竟这个东西意味着什么样的主客体关系，目前对语言和精神结构的理解还不足以回答这个问

第二讲 （2004年9月8日）

题，我们的了解还是太粗略了。然而拉康的理论本身就会推导出这个问题：语言结构不一样，是否精神也不一样？见图2-2：

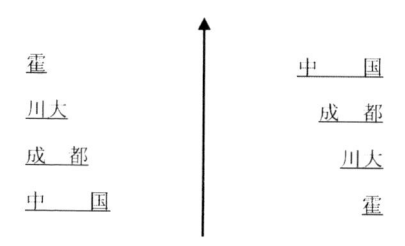

```
霍            中 国
川大           成 都
成 都          川大
中 国           霍
```

图2-2　中国与西方信封书写形式对比图

这是从词汇层面上来说，而不是从语法结构上来说这个问题。动词和名词在语言框架中可以看出来。词汇上的差别影响着中国人的思维，但是主谓宾定状的差别，还没有办法研究，目前理论框架太粗，还没有办法回答。

从图2-2可见，中国人的思维是一个向心的过程，而西方人的思维是一个离心的过程。因此，在中国人和西方人无意识中，主体的位置是不同的。这是拉康的理论本身提出的问题。至于造成这种不同的原因是什么，目前我们回答不了。曾经有些汉学家提出，中国的主体之所以始终不在场，是因为我们经常使用的是动宾式的句子，也就是没有主语的句子。相比之下，西方语言的动词有位格的变化，由此只根据动词便可以确定它的主体，而中文没有这种区分。见图2-3：

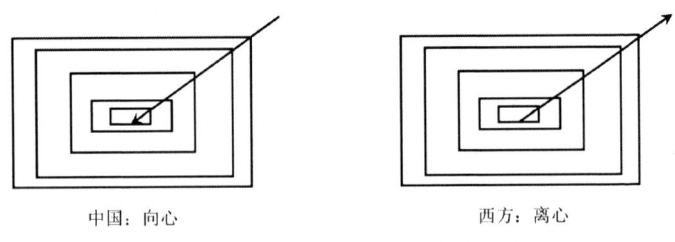

中国：向心　　　　　　　　　西方：离心

图2-3　中国与西方思维方式对比图

西方语言学和逻辑连在一起，当一个句子被单独写出来，它的意义是清楚的，没有分歧。如何写一个句子不依赖于任何一个人，它的意义总是明确的。但是中文正好相反，所有的语言研究都发现，中文词都是歧义的，必须放在上下文的背景下才能确定其语法和语义。由此辨识出来，西方语言的规则是被逻辑规定了的。人们发现一个纯粹的、定量的程序，根本不适合大量的现象，然后就有统计的概念出来，这和因果性的概念是不一样的。中文却提出了一个和西方的逻辑不一样的要求。就任何一个中文词而言，它不仅仅在语义上依赖于上下文背景，而且它的语法也是如此。正是基于这种情况，拉康的理论非常有价

第二讲 （2004年9月8日）

值，因为主体始终依赖于其他三个。

中国的语法体系是最能表达这个临床实践的，任何一个孤立的东西始终都是有歧义的。法文、德文是非常确定的，词性和语法的特征是确定的；当然，英文也有很多的歧义。而中文是没有办法确定的，这在某种程度上是一个相对论的关系。

学生：拉康对分析的发展，不一定必须是在中文系统中，比如詹姆斯（William James）和兰格（Carl Lange）对情绪的研究。

霍大同：如果拉康不遇到中文，也许还是可以发展出他自己的理论。

我一直在想，爱因斯坦提出相对论以后，接下来就有了波粒二象性这一发展。但是波和粒子是概率性的东西，爱因斯坦对此不能接受。量子力学物理学家大多对爱因斯坦的拒绝表示遗憾，因为他们受了爱因斯坦很大的影响，而爱因斯坦却是一个因果论者。人们就重新检讨人和研究对象的关系。另一个检讨对整个物理学分支产生了影响。热力学第二定律没有办法和其他物理学分支整合在一起，因为熵和负熵的概念。人类的进化是一个负熵的小岛，而人们无法解释熵减少的过程。

由爱因斯坦引发的革命，还没有达到它的尽头，这个革命不仅使人类形成了新的宇宙解释，而且同时还引起了一个纯粹形而上的解释。在牛顿力学产生后，康德哲学被认为是对牛顿力学的哲学解释，但是，到目前为止，还没有一个类似于康德哲学的对爱因斯坦理论的哲学解释。

L图可以说是主体系统内部的一个相对论的模型。也许能把拉康的理论看作一个人文领域与物理世界相对应的相对论，拉康创造的是人的相对论。是西方人能够在他们自己的思想理论传统中创造出关于相对论的哲学解释，还是他们受到异文化的启发，获得灵感而形成了这种哲学上的解释？也许中国人一直处在相对论的实践中，而从来没有处在牛顿力学意义上的实践中。有大量的思想家谈了这个问题。

要借助于牛顿力学才能表达相对论，因为如果没有某种差别性，就没有办法进行衡量；必须借助于一个中点，才可能理解自己和他者之间的差别，这就是爱因斯坦所说的同时性的概念。也许我们是处在一个相对论的实践中，缺乏一个牛顿力学的实践来理解我们自身，而西方恰恰是处在牛顿力学的实践中。

之所以要强调拉康思想中国因素的影响，是因为这

第二讲 （2004年9月8日）

样才能够为我们搭一座桥，在我们自己的无意识世界、无意识的思维方式和拉康的理论之间搭起一座桥，帮助我们既理解拉康的理论，也理解我们自己。这对我来说是最重要的。很多年轻人认为他们已经西方化了，但是就我的临床分析的经验而言，我们都有一个中体西用的精神结构。西方的思维和行为模式是我们的用，而体和用之间是冲突的，精神分析的实践本身能帮助我们在有冲突的体用之间搭起一座桥梁。事实上，可以看到，很多做分析的人都去追溯历史，在读西方的同时去读道家、儒家等的经典。这是相当普遍的现象，人们在个体和群体的平面上借助于中体和西用。如果不研究中国传统很早以前就建立起来的那个集体象征系统，不对群体和个体的无意识做比较，就不能获得一个对于无意识的理解。

在这个意义上，我强调拉康思想的中国来源，目的是搭一座桥去理解精神分析。

第三讲
（2004年9月15日）

对上次关于中西方书信地址书写顺序的问题做一点补充。

两种方式的结构是一样的，但它们的读法和理解方式不同，想象的关系不同：一个从外到内，一个从内到外；叙述的模式不一样。可以看出，中西方的思维模式不同，对同样的结构有不同的观察方法。

中国人讲"天圆地方"，天之外没有其他东西；西方的犹太教，认为在天地之外有个上帝，他创造了一切。他们把自己投射到上帝上去，来解释世界。而中国的思想没有超越于世界之外，可能更合理。

学生：这个超越性在西方是如何解释的？

霍大同：上帝是无形的，因此对人有种视觉上的剥夺，

第三讲（2004年9月15日）

使人想看见上帝，人们从而发明了望远镜。上帝是否存在？这种焦虑和紧张，产生了看的情结。科学的创造是解决冲突，解决可视的世界和不可视的上帝的冲突。

学生：中国夏商周时期，有各个部族自己的上帝；部族统一后，信仰的冲突很激烈，如同现在的西方，妥协方法是各地各自保有自己的上帝。

霍大同：犹太人是埃及的子族，后来他们被逐出埃及，因此犹太教是失败者的宗教。因为他们是上帝的选民，从而引起所有人的嫉妒，信仰冲突很厉害。而在中国却不是这样，汉代的五帝（天）和九州（地）的关系是相互对应的，传递着天和地的关系。天不语，这是视觉的隐喻关系，而犹太教所传达的是听觉的换喻关系。

拉康说分析工具是弗洛伊德在临床中发现的，虽然每个人的临床表现不同，但基本的东西是一样的。弗洛伊德的概念在传播时，出现了许多问题；在弗洛伊德之后，分析理论的分歧更多。

里克曼（John Rickman）和巴林特（Michael Maurice Balint）属于英国的客体关系学派，受克莱茵和伍林科特（Donald Woods Winnicott）的影响。他们的"客体"的概念，最早来自母亲，是以母子关系为原型建立起来的（"中德班"也是如此）。这个概念没有回答关于父亲的作用的问题，没有重新整合父亲的作用，从而使"性"变得不那么重要，所有冲动和力比多（Libido）都是中性的。

拉康回到弗洛伊德，认为父亲和性的问题很重要，他整合了前人的理论。

"二体心理学"来自临床（实验心理学是一个人的心理学，它不考虑分析家和分析者的关系），对应着克莱茵的观点。但是当伍林科特发现转换客体或过渡客体时，实际上已经有了三个客体，但是他没有进一步发展这一观点。母亲和孩子是直接关系，还是中间有另外某种东西？

在分析中，一个人说，另一个人听。这意味着语言是个工具、手段，还是说它具有本质性的作用？借助于话语，才有整个治疗和分析。

在这个讨论班开始时，拉康的 L 图还未出现，那时他写了《精神分析中话语与语言的功能及范围》这篇文章。

话语的作用是什么，言说为什么有效？拉康第一次提出这个问题。拉康一方面从英国学派得到启发，另一方面他用索绪尔（Ferdinand de Saussure）的观点来讨论精神结构本身。

第三讲 （2004年9月15日）

在中国，视觉和听觉的关系是：通过一个听觉的关系，固着在视觉上。而犹太人在全世界游荡，不可能观察天象，因此上帝的话语对犹太人很重要，能保持他们自身的认同。所以，对他们而言语言超越了视觉。在文字上，犹太人的文字是音节性的文字，剥夺了视觉。而中国人在视觉上的构造能力很强，天是面镜子，中国人在空间中进行构造组合，在这方面强于西方。对犹太人而言，天不具有这个作用。

学生：第三者是什么？

霍大同：拉康在此时提出的第三者就是语言。许多人从弗洛伊德处继承了临床的空间设置，并提出问题和解释。拉康认为这种解释做得不够，还要在语言和主体中去寻找。拉康在第三节说，分析不是简单的回忆和情绪的宣泄，而是一个重构，历史的重构。

第四讲
（2004年9月22日）

这部分拉康讲重新经历、重建。讲述分析的真正意义不是历史本身，而是主体重新书写其历史。

例如，小汉斯怕马，在对马的恐惧的背后是另外一个东西，一个男性角色的突冒，他把与父亲、母亲、妹妹的关系放在"马"上，他从一个单值的亲子关系过渡到二维的性的关系。只有解决这背后的问题，重新构建历史，问题才能解决。

拉康针对当时普遍的偏见，提出分析的工作要如何达成一种重写，即如何对历史重新编码，如何通过所说的东西来重写历史。拉康认为，这是弗洛伊德的基本观点。在弗洛伊德刚开始抛弃催眠时，他认为只有情绪宣泄是不够的，这之后才有了自由联想技术。但是弗洛伊德没有充分

第四讲 （2004年9月22日）

强调重构这一点，只有当拉康提出主体概念来对应弗洛伊德的它我概念时，精神分析作为帮助分析者重写历史的工作，才获得其理论的基础。因为在弗洛伊德那里，它我只是冲动以及冲动的表达，不包含重构的意思。而拉康通过引入主体，主体是言说的存在，通过言说，主体对自己的历史重新编码，得到了一个理论的阐述。

拉康强调言说的功能，精神分析不仅仅是宣泄和回忆的工具，因为无意识是像语言那样构成的。当把无意识看作一个符号系统时，语言在人格结构中就起着本质性作用。通过对想象界进行编码，同时尽可能对实在界进行编码，我们也就有可能通过语言对无意识进行重新编码。由于语言的作用，分析成为一个关涉三者的心理学，语言不仅仅是宣泄情绪的工具，只有当痛苦的经历本身被语言编码时，分析才有可能进行。

屏蔽记忆。弗洛伊德发现狼人对童年的回忆是不真实的，一些小的记忆掩盖了重大的创伤，弗洛伊德认为若对此有足够的分析，就可以找到这些记忆背后屏蔽的东西。通过分析，我们可以看见，人本身有再次创造记忆的能力，这种再造是重新编码的基础。

学生：小汉斯的幻想不是他真正经历的东西，是不是未来会发生的？

霍大同：小汉斯通过幻想找到一个方法，重新整合了自己的历史。

刚开始，只有母子关系，后来有了妹妹，这就提出一个问题，一个横向的性别上的问题：妹妹有洞，父亲有个小东西，母亲有能力生妹妹，说明母亲有洞。而对小汉斯来说，这个洞只有在排大便的时候才有，这样小汉斯与父、母、妹妹的关系都需要重新定位。最后，小汉斯是通过幻想，分别占据了母亲、妹妹、父亲的位置，才确定自己的位置，因此各种关系的距离就被拉开了，混乱的局面重新得到安置，所有关系整合在一个新的维度上，这也是对过去经历的历史化，重写历史。见图4-1：

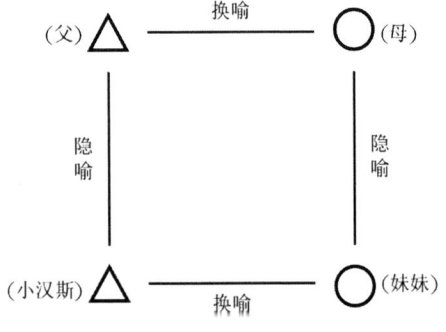

图4-1 小汉斯家庭人物关系图示

第四讲 （2004年9月22日）

幻想必须通过语言表达出来，才能得到一种切割的效果。先有一个"是"，然后才有"不是"；在一开始时，小孩子认为所有东西都是"是"，都可以吃，都是"我"，而到了后来，他才渐渐认识到"不是"，不可以吃，非我。因此先是（肯定），是母亲，是妹妹，是父亲，然后不是（否定），不是母亲，不是妹妹。先幻想是，然后才能不是。在分析中，说出是的东西，才知道不是的东西；幻想是第一，言说是第二，当小汉斯的愿望在语言层面达成时，他就从幻想中掉下来，回到自己的位置上，接受自己的局限。

按照拉康的观点，分析不是两个人的关系，而是四方的关系。许多分析家认为，分析家处于自我理想的位置，这样分析就成了分析家和分析者的关系，这是安娜·弗洛伊德的自我心理学。拉康在其中加入了语言，一旦加入语言，即表明存在对话关系，因此，拉康加入了主体。

学生：在今天译读内容的第19页，"四个东西"是什么意思？

霍大同：弗洛伊德有三个机制，即意识、无意识、前意识；四个因素指的是L图，因而不是两个人的关系。见图4-2：

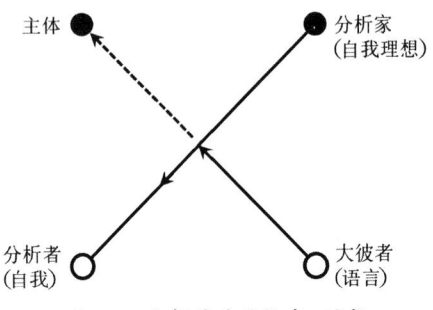

图4-2　分析关系的拉康L图式

弗洛伊德的自我、理想自我和超我是混淆的，自我理想说的是"是"，而超我说的是"不"。弗洛伊德又谈到理想的自我，它常常与自我理想混淆。拉康说，自我理想是自我的镜像，他将自我定义为想象的维度，类似于自我理想，而理想自我是自我的外在化，是一个实像。

L图当中还存在有问题：大彼者是母亲还是父亲？因此我认为每个值都是双倍的。见图4-3：

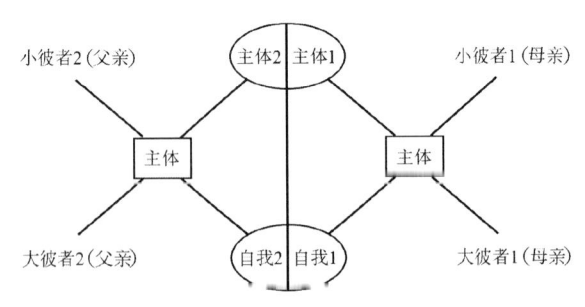

图4-3　单值双倍的拉康L图式

第四讲 （2004年9月22日）

这样画的话，两边都是分裂的，不对。

我们用下面的图 4-4 和图 4-5 来表示：

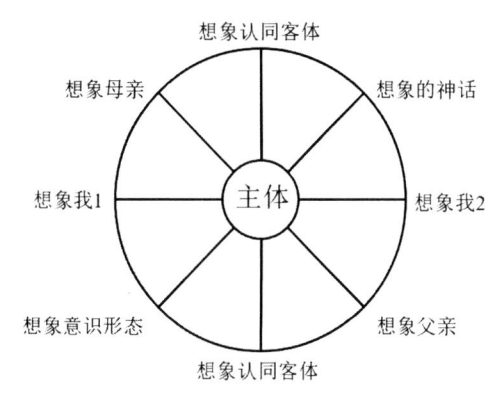

图4-4　分析关系的想象维度图示

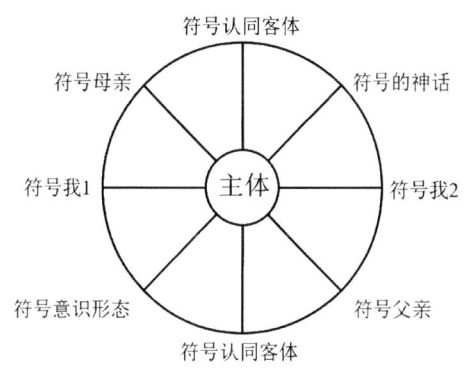

（圆形图示：中心为"主体"，八个方位分别为：想象认同客体（上）、想象的神话、想象我2、想象父亲、想象认同客体（下）、想象意识形态、想象我1、想象母亲）

图4-5　分析关系的符号维度图示

（圆形图示：中心为"主体"，八个方位分别为：符号认同客体（上）、符号的神话、符号我2、符号父亲、符号认同客体（下）、符号意识形态、符号我1、符号母亲）

把上面两个图合成一个图，就是图 4-6：

图4-6 单值双倍分析关系图示

在临床中，记得 L 图就可以了，但在逻辑上，必须是上图（图4-6）。

下图（图4-7）是笛卡尔坐标系，经过转动就能得到太极图：

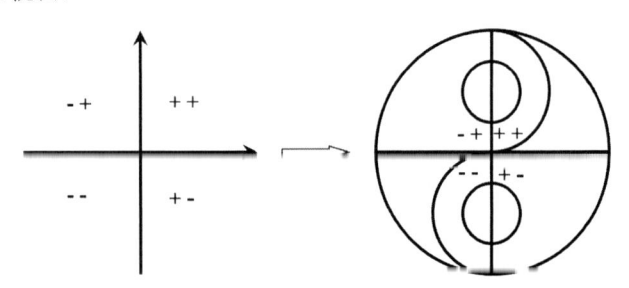

图4-7 从笛卡尔坐标系到太极图示意图

笛卡尔坐标和中国太极图的形式不同，解释也不同。

分析家的位置，原来在大彼者处，后来分析家发挥着客体小 a 的功能。

第五讲
（2004年10月7日）

在这一段中，拉康想说的是：在弗洛伊德那里，大家围绕分析经验有不同的理解，这源于对自我概念的不同理解。这是拉康在这个技术文本之后提出的。弗洛伊德的临床实践与其理论有差距，正因为这个差距，后来的人就有不同的理解。其中之一是安娜·弗洛伊德对自我和防御机制的研究。她强调必须研究自我，研究自我就是研究其防御机制，拉康不同意这个观点，认为自我有这个功能，恰恰说明它是人类独特的症状。显然，我们的问题是如何解决这个人类症状。拉康通过言说把自我界定成想象的维度，由此他强调的是一个言说的主体。在自我心理学中，以弗洛伊德为代表，认为自我仅仅起着理解语言意义的功能。遗憾的是，弗洛伊德对此没有做进一步的发展。

第五讲 （2004年10月7日）

拉康把主体放在它我的位置上，把自我和它我分开，他通过阅读《弗洛伊德的技术文集》，来展开自己的理论。

从拉康的角度来说，弗洛伊德没有区分三界，没有将自我、它我、超我分得很清楚，而拉康把自我放在想象的维度来讨论。在自我心理学中，研究者们总是通过自我的防御机制来理解自我。

在拉康的理论中，他认为在分析中，在对着具体的人言说时，自我和小彼者（a—a'）之间形成相互诱惑的关系，即类似关系；而 S—A 的关系则是差异性关系，用言说这种抽象的方式来表达。在现实事物中，类似和差异是分不开的，但在理论研究中，需要通过抽象将其分开。

拉康说分析者和分析家的关系是由实在、想象和符号三个维度组成的关系。

个人的风格就是症状、症状界。

第六讲
（2004年10月13日）

在自我心理学中，分析的目的是强调帮助患者适应环境。但拉康不同意这个观点，认为分析是对自己历史的再书写。

为何帮助患者适应环境不是分析的目的？原因之一是人不是被动地适应环境，而是（主动地）寻找自己欲望的满足，人类的发展在于找到满足自己欲望的东西。自我心理学提出的适应环境的问题，是和达尔文的进化论的影响相联系的：只有适应环境才能生存，因此要把弱小的自我变成强大的。弗洛伊德显然受到达尔文的影响，他提出的自我概念，是它我适应外部的机制。美国人尤其受达尔文的影响。当时人文科学整体处在这个影响之下，这就导致了一个灾难性后果：既然进化有快慢，那么希特勒就有理

第六讲 (2004年10月13日)

由认为日耳曼人是世界上最先进的。在希特勒的背后，是科学革命的西方中心主义。它自认为西方是最发达的，极度膨胀，所有研究都是为了证明西方文明是最先进的。

德国的黑格尔认为德国是世界上最先进的国家，并且在理论上做了充分阐述，这引起许多哲学家的思考，其中最早的是结构主义的思考。当时语言学主要是比较语言学的研究，认为西方语言是最先进的，其他语言，如中文等都是落后的；象形文字是落后的，拼音文字是先进的。鲁迅也如此认为。

但是，结构主义出现后，提出同时性和历时性的观念，主张各种语言无优劣之分，当理论不能解释时，是理论本身有问题，而不是文字有问题。人类学也从这个观点进行讨论，把所有的文化和民族放在一个平面上加以考虑。西方人开始批评地看待自己的智慧。

在这个背景下，拉康意识到自我不是精神的中心，自我反而是它我的一些东西，这是对人类意识中心主义的颠覆，它破除了西方中心主义。因此，拉康认为弗洛伊德的无意识的发现，是一次哥白尼式的革命。

当然结构主义有自己的问题，但它的确是一种颠覆。正是在此背景下，拉康重新思考自我的作用，如果自我仅仅是个虚像，诱惑我们的虚像，那么西方中心主义也只是虚幻的诱惑。因此，拉康说分析的目的不是对外部环境的适应，而是自己历史的再书写。

那么如何书写？一是对已有的想象和符号维度的再编码，因为问题出在编码上，所以要再编码；二是要把那些没有被想象和符号所编码的实在的维度再编码。因此，拉康把未被编码的维度称作实在界。

分析的工作，就是通过言说的方式去触及想象和符号的界限，去触及实在，把它变成可以想象和符号化的。分析就是和实在对质的过程。由于实在是不能用现存法语表达的，拉康因此发明了许多新的词汇，通过扭曲法文单词来表达一些实在的东西。

在此意义上，每个人都有症状，都在对质于实在。关于这种对实在的触及，精神分析为之提供了一种设置，即以一种语音、意识的方式去触及实在，这种实践是精神分析所独有的。少数真正处于前沿的科学家，如爱因斯坦、牛顿等，独自创造了一套新的语言来表达，在此意义上，也许分析经验与这些科学家的经验相似。只有触及实在，我们才能理解我们的想象、符号维度是怎么回事，如果你一直处于语言中，就无法触及实在界。对于那些没有被语

第六讲 （2004 年 10 月 13 日）

言化、图像化的实在的东西来说，"概念是人的自由表达"（爱因斯坦语）。

患者对实在的再适应，就是把不能想象、符号化的实在转化为可以想象和符号化的东西，就是对实在界的认识，这样才能创造一种适合自己的环境（当然也是相对的）。拉康强调人有两种适应，一种是环境被动给予的，一种是个人可以内在创造的，也许精神分析可以在某种程度上给予人一些主动的创造性。

如果是固定时间的分析，时间会控制分析者的自由联想和分析家的倾听，那么分析就无法抵达实在界。对实在界的触及，只有弹性的时间才有可能。

补充一点，进化论到目前为止，仍持获得性遗传的观点：如果某个功能能够有效适应环境，那么它就会被选择，被扩大。但后来人们，如孟德尔（Gregor Johann Mendel），发现基因始终存在变异，也许来自原子和量子的不规则性的跃迁，然后才是外部环境的选择。这就是目前所谓的综合进化论的观点，因此变异的动力其实来自基因内部，而不是像以前认为的那样来自于外部。

拉康和弗洛伊德的差别在于：弗洛伊德考虑从生物学过程到心理过程的变化，而拉康只在纯粹的精神水平上谈论人，包括性，他用想象和符号来定义人，因此他说人是言说的存在。精神系统是演变的结果，但这一观点曾导致西方中心主义，它忽略了精神结构的相对独立性，因此拉康试图抛弃生物学基础。当我们谈实在时，必须要谈生物学的东西，因而问题在于，如何在拉康的理论基础上重谈三界的关系。精神病药物的大量使用，在精神病治疗中起着很大的作用，而拉康没有遇到这个问题。随着药物的广泛使用，大量的精神科医生退出精神分析。药物和言说的关系，必须有一个和生物学相连接的理论系统才能回答。

同时，结构主义最大的问题是只谈同时性的结构，而不谈历时性的演变。比如，一个词只有在词与词的相互关系中才有意义，而词的渊源是不被共时性分析考虑的，但这在经验的解释材料中，是站不住脚的。以列维-斯特劳斯（Claude Levi-Strauss）为例，他说乱伦的禁忌是基本的禁忌。简单的性交换关系，规定了不能和哪类人结婚，以及必须和哪类人结婚；但在中国，只规定了不能和同姓的人结婚，但不规定必须和哪类人结婚。后者是个更复杂的模式，而列维-斯特劳斯提出的是个简单的模式。显然，复杂模式由简单模式演变而来，精神分析的实践告诉我们，若精神器官有几个因素，那么历史的发展如何使得这几个因素多倍化，就是说，既要在同时性上又要在历时性上看问题，这样一来，我们就可以讨论神经元基础上的精神器官。

也许我们需要一个"膜"的概念，在"膜"下是神经元结构，在"膜"上是精神的，是结构性的，但也不排除可能仅仅是功能性的。

基础幻想和原初幻想：一个是自我心理学的概念，一个是弗洛伊德的概念。拉康后来只谈幻想：$\$ \lozenge a$[①]。

幻想产生于主体与客体小 a 分离之时，主体[②]被划了一杠，表示阉割。当主体被划了这一下，有个东西掉了下来，这就是客体小 a。

孩子吮吸乳房，除了满足生物需要，还会产生快感，这个快感是独立于生物学的，是纯精神性的，这个快感也是与痛苦相连的，这就是精神分析中所讨论的享乐，这同时也是与精神结构中的症状相连的。

---

① 拉康在欲望图中使用基式"$\$\lozenge a$"来形式化神经症的幻想，中间的连接着划杠的主体和客体 a，表示划杠的主体欲望着客体 a。为什么采用"$\lozenge$"？霍大同教授认为，"$\lozenge$"的四个角代表着拉康所说的四个客体 a：上面的角代表着乳房，下面的角代表着粪便，左边的角代表着目光，右边的角代表着声音。

② 指无意识主体。

我们知道的都是"象"。这个"象"如果是关于乳房的"象",那么一定是有上百个神经元的作用,每个神经元对"象"产生局部作用,但我们最后提取的是整体的关于乳房的"象",它支配着神经元。

有两种膜,意识和无意识的。膜上处理的是象,膜下是神经元,检查机制在膜中,不允许象冒到意识中。

而符号系统决定了我们的看和注意。

学生:症状是不是就处于实在界?是不是可以不用说出来?例如有些表达在河南话中是没有被符号化的,但在四川话中已经被符号化了。

霍大同:从河南话的注意中心变成四川话的注意中心的转换,发生在前意识的水平上。拉康试图回答为什么说话可以解决问题,但他没有做到。

整个膜的结构是内在的,而知觉(声音)、行动(说),在无意识中也是知觉和行动两个东西,说出来是个大的循环,这样才能被编码,解决症状。

禅定等都是内循环,拉康没有回答为什么需要外循环,他只是对一些基本问题进行了回答,如什么是癔症、强迫症等。

第六讲 (2004年10月13日)

关于禅定的心理学解释,可以看我的一篇文章[①],以及《童蒙止观》。

[①] 霍大同:《关于禅定的一个心理学阐释》,《佛学研究》2003年第12期,第105—108页。

第七讲
（2004年10月20日）

《癔症研究》是从催眠到自由联想的过渡案例，是精神分析之前的准备；《释梦》是精神分析建立的标志。在《癔症研究》中，弗洛伊德等人谈到所进行的催眠，发现这种催眠是不完全的。如果是完全的催眠，患者就不知道他所说的东西，而弗洛伊德发现这种不完全催眠的效果反而比完全催眠更好。这是向自由联想的过渡。接下来，他尝试让患者将注意力集中到自己的症状上，到最后，他完全不加干预，分析者想说什么就说什么，所说的甚至不一定和症状有关，这与前者有本质性的区别。弗洛伊德发现，让患者说出来，对治疗非常重要。

抵达主体的真理是依靠主体自己，而不是科学的寻找，正是因为如此，精神分析被称作"主体的科学"。主

第七讲 （2004年10月20日）

体的科学和客体的科学有本质区别，这意味着主体自己把握其真理，而不是由分析家研究获得。催眠术把病人看作客体，主体的自动性没有了。自由联想把主体性还给主体。某种程度上，相对于整个科学潮流来说，这一点正是精神分析的伟大发现，因为它颠倒了科学家与研究客体之间的关系。

这样一种颠倒，产生了分析的设置。拉康的贡献是改变了分析时间。可以说，分析中的两种设置，即空间设置和时间设置，前者由弗洛伊德给出，后者由拉康给出。时间设置意味着由分析者言说的过程和内容来决定分析时间。正是这个弹性时间的设置，不仅从时间的角度给予分析者主动性，也让分析家的主体性得以呈现。在整个精神分析运动中，只有拉康的弹性设计，将主体的独特性凸现了出来。拉康派强调每次分析都是唯一的，每个案例都是唯一的；而在拉康派之外，有些流派仍然将每次分析当成一种理论的应用，他们仍然站在医生的立场上。

国际精神分析协会的案例写法像医学，拉康的写法像文学。而文学性的最大特点就是独特性。在独特性中是否会出现极端？无意识的相遇和主体对自己真理的发现，可以在任何一个设置中出现。禅宗可以在任何地点，以任何方式开悟；但是，经典的拉康派认为，应该坚持一个基本设置，如时间和地点。

慧能把所有这些设置全部去掉了，我的忧虑在于，也许有一天同样的事情会发生在中国的精神分析实践中，也取消一切设置，因为设置本身就是一种束缚，是现实规则的插入，如自由联想，是在意识层面上提供给分析者的。

固化的设置有没有必要？这涉及两个问题：无意识和意识的关系问题，以及与实在的相遇是否必须在设置中才会出现的问题。也就是说，这种相遇是否并不是一个偶然的可能，而是以某个设置为必要条件。

无意识是相对意识而言的，是否定词，是依赖意识来定义的。不排除在日常生活中我们能偶然地撞到实在，但只有精神分析这个设置才使我们必然地遇到实在。

我的忧虑是如果有一天设置没有了，禅宗以后就没有佛了。随后就是科学的进入。那么，开悟是需要一个设置还是不需要设置？

所谓真理性发现就是与实在的相遇，我们必须突破想象、符号后才能触及实在界。拉康把主体放在符号位置中，主体在三界中转换，其中一个是言说的主体。

禅宗的参话头违背了阴阳的原则。弹性是相对于固

第七讲 （2004年10月20日）

定而言的，阴阳的概念和相对论是一致的。极端的拉康派认为，分析者的所有的东西都是"我"所理解的，所有的个案都是主观性的个案，因此他们就不谈分析者，只谈自己。

所有对分析者的解释都建立在话语上，但是把所有的东西都说成是主观的，这太极端了。

第八讲
（2004年10月27日）

抵抗与我们整个精神结构的构成连在一起。抵抗的核，这个病理学的核，需要我们一点儿一点儿去理解。这个核，在每个人身上都有，核里面是精神病的状态，即让欲望充分自由地得到满足，但这种满足是不可能的；在这个核外部，是神经症的结构，是为了压抑那个精神病的状态。

可以说，一个人为避免精神病的状态，不得不选择神经症的状态。分析中的言说，始终面临抵抗。有些人把抵抗看作不好的，我认为抵抗是有益的。在精神病的治疗中，我们让他说，如果他没有抵抗，他就会崩溃，主体会瓦解；反过来，如果分析家意识到了分析者的抵抗，也接受了他的抵抗，那么分析家就会有意识、无意

第八讲 （2004 年 10 月 27 日）

识地意识到自己的抵抗，当你有意识、无意识地接受了自己的抵抗时，那么两边的抵抗就会极大地减弱，分析者与分析家之间的转移关系就会变得很通畅了。

临床中的内容，有些在分析中很难看清，需要拿到分析之外来看。

中国文明有着相对其他文明的独特性。你认同中国人，就是认同一种自恋中心主义："我们是世界的中心。"这种态度在几千年皆是如此，除了佛教文本、西游记文本，还有邹衍的一幅世界地图是个别例外。现在，我们认识到我们不是世界的中心，但我们仍然接受中国这个国名，说明我们的集体无意识仍停留在"世界中心"的地方。

当然，每个人都是自恋的，并以此来维持个体的生存，来组织世界。

我的一个同学王邦维先生，写了《"洛州无影"与"天下之中"》一文，文中"洛州无影"是指在洛阳某地，在夏至那天，太阳处于正中，此时测影台的石表不会有影子，借此来证明我们中国是世界的中心。但地理常识告诉我们，中国的"日中无影"地区，只出现在广东一带，回归线以北的洛阳是不可能出现无影的，因为我们在北半球。全球四季图示，见图8-1：

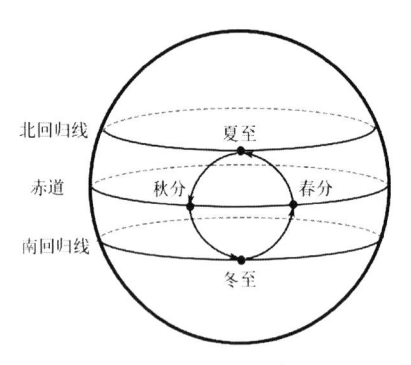

图8-1　南北半球四季图示

天文学上实在的维度告诉我们，这是不可能的；但符号系统告诉我们，我们是中央之国；所谓"无影"在想象的维度也告诉我们，这是不可能的；但"洛州无影"的说法却告诉我们，这里是"中原"，而"中国"与"中原"有关。

我的同学到封丘县开会，看到在洛阳有个无影台。今年夏至，他特意跑去看，等到十三点多（北京时间），发现真的没有影子了。为什么？后来他发现，原来柱子的影子跑到台子上去了，即A的位置，显然这是一种有意识的设计，使"洛州无影"得以形成。在中午一点，影子收缩到台子上，好像无影，想象的诱骗证明符号系统是真的。见图 8-2：

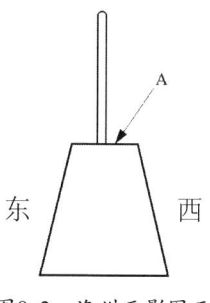

图8-2 洛州无影图示

假如把西方文化的进入看成一个打破抵抗的东西，那么中国人一定要抵抗；中国人只有主动地接受西方，才不会变成被动的抵抗。西方的文明给出刺激，中国人做出反应，那么结果是西方文明的中国化还是中国文明的西方化？我们必须认真对待。我们必须保持基本的认同，抵抗是必须的；有多大程度的接受，就会有多大程度的抵抗。如果西方不尊重中国，接受的就少。因此，进入的方式很重要。如果分析家说：你有抵抗，那你就一定错了；我认为，要尊重抵抗，要让分析者可以重新选择欲望的客体。

视觉的进入。在科学之前，人类的视觉设置是相对于太阳而言的。

拉康也用视觉模型构造人的精神结构。

学生：接着上节课的问题提问：禅宗打破了设置，但也有基本的设置，是这样吗？

霍大同：是的，禅定先后的设置差别很大。之前是打坐（印度教），后来《百丈清规》说，"一日不作，一日不悟"。从印度的设置到中国的设置。参话头是主体和彼者的关系，言说的关系。

弗洛伊德认为文明是性压抑的产物，拉康以语言为基础，强调符号规则的存在，他们都是在一个西方思想的框架中，带有西方文明的观察思路。弗洛伊德更多是犹太教的解释，拉康是天主教的解释。对无意识，各人的理解有差别，我们也可以来尝试理解自己的无意识，以及在哪些层面上它们和西方是共同的，哪些是有差别的。

在弗洛伊德那里，没有区分自我、理想自我，拉康把这一切都放在符号系统中来展开，其中自我是虚像。

学生：如何理解第四讲中辐射状图（见图4-6单值双倍分析关系图示）和自我的关系？

霍大同：弗洛伊德和拉康都没有给自我分层，拉康

第八讲 （2004年10月27日）

提出了 L 图，但它只是一个平面的结构。从经验的角度来看，他并没有提出一个模型。我进行了分层的工作，划分了两个层，即母权象限和神话思维的象限，其中每个象限都有人格和认知的两分。拉康是结构主义的，而福柯（Michel Foucault）是历史结构主义的，他强调时间的因素；在我的模型中，这些都被双倍化了。

第九讲
（2004年11月10日）

在 L 图中，自我不是精神系统的核心。在拉康那里，精神分析的中心点是对过去的重构，重构要通过言说来实现，因而就把主体，而不是自我的抵抗放在中心。在 L 图中，自我的抵抗是相对于小彼者而言的，自我与小彼者的镜像关系构成了一个屏幕、一个抵抗，而不是抽象单独地谈自我。

弗洛伊德在前期的《癔症研究》中，倾向于认为自我处于知觉的核心，在后期（20 世纪 20 年代）认为自我处于它我、超我的中间，但他始终没有把自我看作精神器官的核心。

拉康试图重构自我、它我、超我的关系，并将之置于 L 图中。在分析中，分析者和分析家想象的关系，属于自

第九讲 （2004年11月10日）

我和小彼者的关系。

拉康说，分析的目的是主体历史的重构，而不是对抵抗的解除。孩子最早是通过母亲的目光学会了看，后来是通过语言、知识等开始了对外部世界的阅读。孩子是通过想象与符号织成的网来读这个世界的，因此在不同分析者的眼中，分析家是完全不同的，他们都根据自己过去的经历来读这个分析家。

言说会打破分析者对分析家的幻想。

分析者的自我也是镜像，而小彼者是个实像（孩子看见的母亲，可以摸到的母亲）。

在孩子和母亲的关系中，孩子先看到母亲的实像，然后看到自己的虚像；在我们和分析家的关系中，分析家割掉了想象，但如果完全没有看见分析家的话，就可以任意想象，如果见了面，关系就不一样。

母亲面对孩子时的表情对孩子具有调节作用，这在中国尤其突出，如羞耻、脸红等；西方通过上帝用语言来调节，从而压制了视觉。弗洛伊德不愿意面对分析者，因为可能会有表情反应，他因此遮蔽自己对分析者的表情，遮蔽自己对分析者的反应。若面对面则抑制了自由联想，那么也不是不见面，而是处于二者之间，让分析者的想象有条件地发生，把分析家想象为和其心理最接近的人。

拉康认为，声音是从主体过来的，但必须借助自我而表达，而分析家作为大彼者是分析者永远不能接近的。主体声音—（小彼者—自我）—大彼者—（自我—小彼者）—主体。主体只能通过对小彼者的言说而抵达大彼者。

后来拉康加了一个客体小 a，阿彼波（Richard Abibon）说分析的结束在于知道客体小 a 是永远死掉了的，你只能去找一个相对满意的东西来替代它，也就是说，分析结束了，L 图式依然在。

客体小 a，是乳房、粪便、目光、声音；这些东西，是冲动的原因，是它们引起了欲望。

西方始终有一般性和具体性的差别，如 le、la、une，而中文是不加定冠词的，没有把具体和抽象的关系切断。拉康说自我和大彼者的关系是抽象的东西，而与小彼者就是具体的关系。

拉康把主体放在符号界，我想把拉康的主体放在三界之间，分析者与分析家之间必须有一个实在的目光的交流，这就是在通常的分析中分析者开门进去与告别离开时同分析家目光相互产生的接触。这种接触很重要，它构成了对分析中的想象关系的切割。

拉康在此讨论班时只提出了两个维度，在后期拓扑学中则有三个维度。

那么，网上分析不能看见分析家，是不是就不行？作为正例，分析应该是传统的分析者与分析家见面的分析，但允许变例。不过必须有一个实在的关系，必须有一定程度的见面，建立在目光接触的基础上的关系，并不断地重复。电话分析、网络分析、信件分析，这些不同的形式可以帮助我们理解三界的关系和人类精神的价值。

第十讲
（2004年11月17日）

从弗洛伊德的抵抗概念中我们看到，精神分析处在悖论的位置，如果分析家不是作为权威给出解释并指导分析进程，他就不知道有抵抗。因此，大家认为抵抗是因为弗洛伊德的权威性格导致的。在催眠中，患者几乎是无抵抗的，催眠师就更加权威，完全消除了患者的抵抗。苏州有个搞催眠的，说一个女患者有恋父情结，他在催眠中把这个情结给拔掉了。他把抵抗看作治疗的基本的障碍。而弗洛伊德让分析者保留了一个相当自知的状态：从催眠到自由联想，必然有分析者的抵抗；采用自由言说的方式，意味着分析者的抵抗的存在。抵抗的问题暗含着分析的位置是悖论的：抵抗始终存在，但又要分析者把脑子里冒出的东西说出来。

第十讲 （2004年11月17日）

如果既要承认抵抗，同时又想降低抵抗，那要怎么办呢？如果指责分析者的抵抗，分析者就会更加抵抗。而当时的自我心理学家把分析的焦点集中在分析者的抵抗上，这就增加了分析者的抵抗。这是拉康的批评，也是他的临床体会。如果分析家总想着分析者的抵抗，分析者就会更加抵抗。分析家要开放耳朵，让分析者把脑子里的东西都说出来，让分析者的抵抗降到最低。

在 L 图中，拉康把主体的位置放在言说的位置而没有放在自我想象的位置，他尽可能拉开言说、主体与想象的自我的距离，以绕开抵抗，这样才能使分析者更自由地言说。

从临床上看，主体在言说时，存在一个主体对具体人格面具（作为小彼者的分析家）的言说，在这个言说之上，才有一个对大彼者的言说。此时的言说主体就成了一个解除了抵抗的东西。主体的言说具有两个维度：一个是言内之意，一个是言外之意。主体也分为两个：一个是言内之意的主体（在自我的维度上），一个是言外之意的主体（拉康主体的维度）。除了每个句子都有言外之意外，分析者在分析中还有语误。有时，当他说出一句话时，他会发现自己从来没有意识到的东西冒了出来，他从不知道自己会说出这样的话。见图10-1：

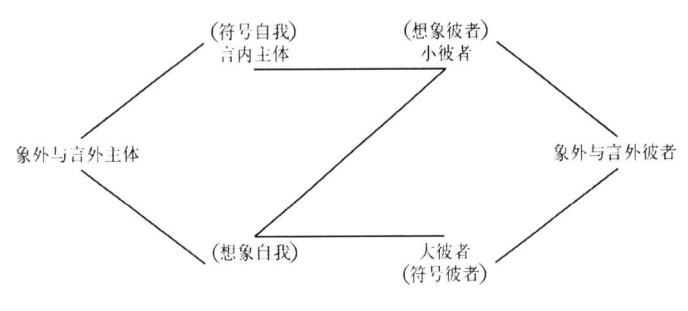

```
      (符号自我)        (想象彼者)
      言内主体          小彼者


象外与言外主体                        象外与言外彼者


      (想象自我)        大彼者
                       (符号彼者)
```

图10-1 分析中的言说图示

在分析者那里，有一个言外主体在统一言内主体；在分析家那里，情况也一样。

言说的自我和想象的自我是言外主体的两个相，这个言外的主体处在实在中。这些主体都是相对于彼者而言的，相对应地，我们有想象的彼者和符号的彼者。

第一步，母亲插入。第二步，从结构观点来说，在母亲插入的同时，就形成了想象自我、符号自我。那么，它们是从哪儿形成的？就是从主体，也就是说主体同时也出现了，处于二界之间。

镜像阶段将体内各种分散的感觉加以整合，但在此之前是有自我的感觉的，因此，小孩出生后，外界的插入与

第十讲 （2004年11月17日）

主体的产生是同时的。但在那时，想象自我、符号自我也许并未真正形成，真正的形成是从（镜像阶段）这个点位开始的。

孩子可以在众多母亲的汗衫中辨认出来自己母亲的。想象和符号的自我在之后的这个点开始形成，但最重要的是结构的形成，而不是形成的时间。

所有这些都是在实在界的基质上，在屏膜上形成的，膜下是整个神经系统，生物的身体。膜上是这个圆（也是无意识的结构），要解决这个系统中的问题，就要让主体动起来；分析家自己动起来，才能让分析者动起来。

精神结构和神经结构的具体关系，以后再说。

对于精神结构来说：其下是冲动，其上是欲望。

第十一讲
（2004年11月24日）

所谓的英国学派，仅仅只考虑分析者当下的问题。这种方式以前在中国也有，就是"中德班"。这种技术只分析分析者当下的抵抗、转移，它假设分析者在进行防御和抵抗，假设分析者与分析家始终处于对立的位置，假设分析者在抵抗自己内心的欲望，防御自己把事情说出来。这种分析对分析者有种不信任，类比于警察和小偷的关系，小偷始终避免被抓，避免说出罪行。拉康认为英国学派就是如此。拉康则相反，他认为只要这个人说话，问题就能得到解决。分析中你会发现，如果一个梦思被发现了，它就不再出现了。如果仍然出现，就表明你还没有完全理解这个梦。

拉康认为，分析者有一种想知道自己欲望的欲望，这

第十一讲 （2004年11月24日）

种欲望推动着他去说话，这种说使他可以重构他的历史。这样的假设才把分析者当作一个主体，当作一个人。它与"当下分析"不同，"当下分析"把分析者放在一个敌对的位置上，这如何能帮助他重构其历史？

我的问题是：在整个分析实践中，分析者这个言说主体，与后来拉康所提出的客体小a的关系是怎样的？拉康在20世纪50年代有两个思路，其中之一是将自我处理为镜像，这是对作为实在的自我的瓦解，拉康由此将重心放在言说的主体上。但我发现，主体言说处在两个维度上，主体也应分为无意识言说主体和意识言说主体；同时，因为无意识言说是欲望冲动的一种表达，因此我将拉康说的无意识言说主体放在三界之间，即放在冲动和言说之间。我把拉康的言说主体换成言说的自我，与想象的自我平衡起来。由于此结构的变化，我将L图变成了O图，把大小彼者分成父亲大小彼者和母亲大小彼者，再加上想象和符号的维度。这个图类似于笛卡尔的坐标图和中国的太极图，在中国和西方都有某些共性。

我们来考虑视野的例子，所有人看外界都有一个圆形的感觉，但仅有这种圆形的视野是不够的，因为它没有结构。当我说"左边"时，对于对面的人来说则是"右边"；

假设在原始社会，在河两岸的人就会因此而产生方向性的误会和困难，同时在时间上也需要相互配合，因为最早的时间来源于对太阳的观测，但太阳只能告诉我们一个粗略的时间，我们无法精确地掌握太阳的运动。后来人们发明了一个方法来确定时间，即"日晷"。最简单的办法就是在地上竖个竿，通过影子来判断太阳的运动，确定时间。

对北半球的人来说，阴影总是从西向北向东移动，这样阴影就确定了时间，这是人们最早确定时间的方法，而南半球测定时间的方法，与我们北半球正好形成镜像；在南北回归线之间，则两套系统都是有的。

在中国，"影"字最早是指"景"，"景"是"日在京上"，而"京"是指一个高台，是一个类似于洛阳测影台的台子，后来又加了"彡"。太阳照射与水的反射是类似的，再与拉康的镜像阶段理论对照，我不由得设想，远古时候，人类集体的觉悟是不是和太阳的影子有关呢？

人类的起源是在非洲，在南回归线附近，之后古人类穿过赤道到达埃及，并分成许多支。在埃及，最重要的神明是太阳神。人类集体的觉醒，是否与人类在肯尼亚的起源有关？在南北回归线之间，他们在某个时刻不得不转过身来，才能看到太阳；在这一刻，可能产生了一个觉醒。

第十一讲 （2004年11月24日）

正是这种觉醒，使人们找到最早确定时空的方法。

在时钟的出现以前，有三种计时办法：日晷、水漏和沙漏。也许人类有一种基本的结构，一种时空结构，也许这种结构正是太极图和笛卡尔坐标系诞生的基础。

但是，西方的符号系统和中国还是有很大差别。比如图11-1和图11-2所说明的：

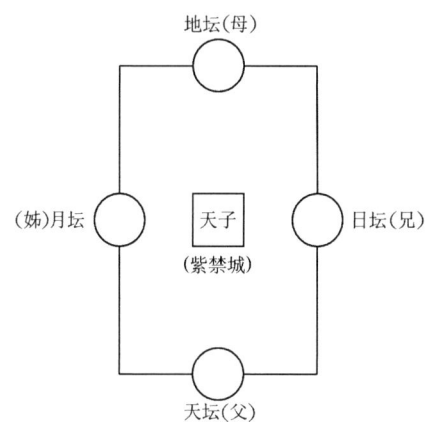

图11-1　北京紫禁城图示

天子，相对天地而言是子，相对日月而言是弟。

巴黎这个城市是以母亲为中心的。随着民主地位的升起，法院也进入中心。法院和公正相联系：一个蒙眼的女神拿着公平，这形象仍然是阴性的，仍然是从母亲的维度过来的。

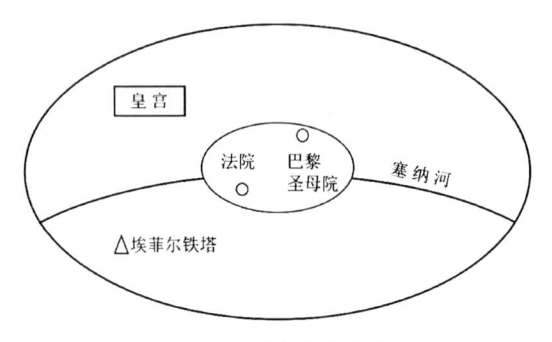

图11-2　巴黎城市建筑图示

中国的"天理"对应于西方的"法","天理"在中国对应天坛、地坛，天子在中间，"天理"从外部来控制人。而在西方，这个"天理"直接插入到核心。

埃菲尔铁塔，即石祖，生在边缘。拉康强调石祖，也许是由于西方的符号父亲不在场，所以埃菲尔铁塔作为父权的象征是后来才出现的，没能插入中心，而是处于边缘。而在中国，无论是符号母亲还是符号父亲，都是在边缘，中心是人，所以中国讲的是"人伦"。

从中国的观点来看，在西方，规则深深插入到中心，他们的焦虑更重。

东西方符号系统和主体的关系不一样。西方教室在中心，而中国消除了空间恐惧，庙宇多建在村子之外。我把主体放在中心，是根据中国神话来的。

学生：西方的欲望可理解为对母亲的欲望，中国的欲望在何处？

霍大同：中国的欲望多数时候在于自然状态。西方是一神教，弗洛伊德认为一神教是文明的起源，拉康也是这样认为的。我们则需要从中国多神教的传统来做精神分析的解释。临床的范围太小，有时我们从个案当中看不清、看不出来的东西，比如文化，要从一个更大视角来看，然后再回过头来说临床，就方便一些。

比如中国人古时有一套数学思路，形成了中国人的思维方式，但对中国文化的研究并没有从中国人的角度出发，而是全部从西方视角来评论，这样就导致装不进西方的就成了神秘主义。

第十二讲
（2004年12月1日）

　　今天读的这一段①中，当分析者出现混乱状态时，如果考虑到其与分析家的关系，分析家当时的解释或许可以让他从木僵状态中走出来，但这个解释是否也能够解释导致分析者木僵状态的原因呢？当时分析者正处于母亲死亡的悲痛中，但是他还在做一个广播节目，此时他自己正处于混乱中，因此这种木僵状态是和悲痛及反转悲痛联系在一起的。拉康推测了分析者在分析之外的一个行动，即

---

① 在这段原文中，拉康引用了安妮·赖希（Annie Reich）所报告的分析片断，分析者在母亲去世后不久参加了一次广播节目，节目中谈论的主题也是他的分析家所感兴趣的。在之后的一次分析中，分析者陷入了木僵状态，他的分析家解释说："您这样的状态是因为您认为我希望您取得成功，如同您那天在广播中那样，而您知道我对那个主题也很感兴趣。"

第十二讲 (2004年12月1日)

分析者在广播中做节目时,他假设他的母亲在听。以前的分析方法只考虑分析的当下分析者与分析家的关系,但拉康考虑到还有一个第三者,即母亲既是小彼者也是大彼者,那么,分析者的行动也是指向母亲的。这是当时大多数人所忽略的。当然,症状一定是和当下的分析关系有关的,但是还要包括在诞生那一刻起,卵子和精子结合的那一刻起、胎儿在子宫孕育中的历史与出生后他或者她自己全部的精神与身体的历史,这些历史是与母亲、父亲等彼者的互动关系是连着一起的,在分析时分析家不仅需要考虑分析者和分析家的关系,考虑转移的关系,还需要考虑当下之外的关系。一个分析家不可能仅仅考虑当下的关系。

学生:阿彼波认为只有当下的话对分析者有效,您怎么看呢?

霍大同:他认为,当分析家重复时,始终带有自己的情绪;当叙述分析者的话时,就只有分析家自己的分析,而没有分析者的分析。这个观点走得太远了,我认为是相对的关系,两个极端都有问题,如果去掉任何一个都不成立。

学生： 分析家最好的状态是迟滞状态吗？

霍大同： 分析家最好是处在尽可能低的反应状态，但绝对的状态是不存在的，只有尽可能接近这一点，尽可能地空灵。

我认为这个分析家处在一个和分析者的母亲相竞争的关系中。

学生： 只考虑当前关系，因而分析家对分析者有个移情，这是因为分析家没有处理好移情问题吗？

霍大同： 这个技术是只针对当下和分析者的转移关系的，这是不够的。在弗洛伊德的理论中，没有彼者的位置。

分析是对自己历史的重构，包括自己和彼者的关系，彼者是指母亲、父亲。

我做这一点评论。我们上一讲说的是空间定位，是视觉的定位，今天讲听觉的定位、符号的定位。

"天效以景"——日历：形成时间；

"地效以响"——十二律：形成音律。

日历，我们在前面已经讲了，那么"律"是如何得来的？下一次课我给你们开些书目。

第十二讲 （2004年12月1日）

西方人说上帝就是无意识，相应地，我们也可以说，中国人的"天和地"也是无意识。要理解中国人的无意识，必须了解一些天文地理的知识，也许在建立一个人格的意义上，还可以建立一个认知意义上的无意识。

律最早是竹管，以后是青铜管。

律是审定音高的标准。在西方共分八度，中国分成十二度。

那么如何用不同长度的律管来界定音高呢？

"天效以景"，这个"景"是根据影子的长短而规定的；"地效以响"，指的是将所有的这些律管埋于地下，将葭莩灰放于管子的空洞里，上面放一层膜，到了某个节气，由于地气的影响，在某个时刻管子里的葭莩灰就会飞出来，这就是"地效以响"。

把管子按照下图12-1所示的方位埋在地下，在冬至日交节时分，黄钟的膜会飞起来，发出一个音，这个音就是黄钟。由于每个月的气是不一样的，因此发出的声音也是不一样的，这样就形成了十二度的声音。

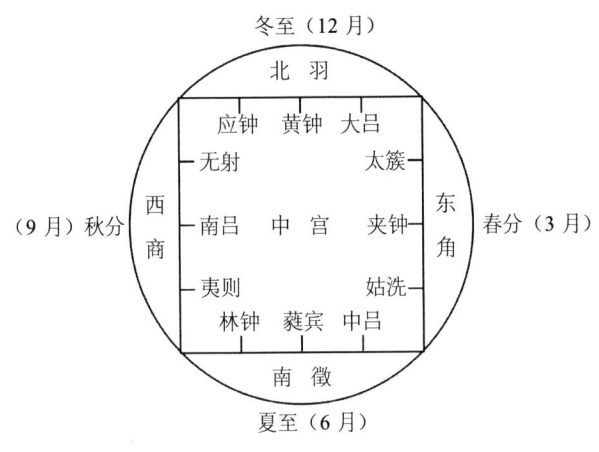

图12-1 中国音律节气图示

图中，外圆表示"天效以景"，内方表示"地效以响"。

节，是太阳运动的关键点。

气，是地球运动的关键点。

除了音高之外，还有五音阶：

宫一　中

商二　西

角三　东

徵五　南

羽六　北

还有变徵四、变宫七。

地气的声音音高不一样，黄钟最低，应钟最高。

古人对声音非常敏感，这就是人的无意识。因此确定度量衡的标准是从地气来的。

我们通过汉字的模型来论证无意识。中国传统文化是多神教的，在上图12-1中，把中国神话中的星宿、神仙放置了上去。如果说西方的上帝是无意识，这些也是无意识，是中国人的无意识。

语音本身就是气的震动。中国人把视觉的影子归为天，听觉的音律归为地。我们这里介绍的这些资料都是汉代的。后来，借助于佛教，阴阳五行得以重新整合，形成理学。

第十三讲
（2004年12月8日）

我们先来看一个形声矩阵表，见表13-1：

表13-1 形声矩阵表

声类	形族				
	木	水	王	人	竹
其	棋	淇	琪	供	箕
白	柏	泊	珀	伯	
官	棺	涫	琯	倌	管
旁	榜	滂	璲	傍	篣
公	松	沿	玜	伀	笁

单纯地从逻辑可能性上讲，这种形声结合具有无限多的可能性。但是，有些形声搭配出来的字在汉语中是没有的，是我自己造的。画这个矩阵是为了说明有一种形声机

第十三讲（2004年12月8日）

制，即可以将字无限地造出来。

我们把形对应于想象界，声对应于符号界，这样就可以看到形声字反映了两界的关系，矩阵表现的是想象和符号相互连接的关系。中国文字提供了一种研究两界关系的材料，这在全世界的文字中是唯一的。每个人的两界关系也是具有独特性的，很难研究，而中文作为一套集体性的系统，正好可以提供一个研究范本。

以"棋"字为例。"木"代表形态，"其"代表质地，这就是说精神结构中想象界和符号界是纠缠在一起的，而这套东西背后的机制，就是实在界，想象界和符号界都是从实在界中冒出来的。实在界是基础；实在界的冒出，加上外部刺激的插入就形成了想象界和符号界。

声类是相互假借关系，可以相互代替，形族是转注关系。

在图中，纵向是假借关系，横向是转注关系。如果是假借，那么就存在读破，如果是转注，那么就存在一个拆散的关系。

转注相当于弗洛伊德的凝缩，即拉康所说的隐喻；而假借则相当于弗洛伊德的移置，即拉康所说的换喻。所以在分析中，对纵向关系要读破，对横向关系要拆散。读破是符号界，是换喻的领域；拆散是想象界，是隐喻的领域；断开是句读，是实在界。

分析家的工作是帮助分析者去读破、拆散、断开。

分析者的工作就是去破读、散拆、开断。

以上综述合起来写就是表13-2：

表13-2 自由言说中分析家与分析者的位置图示

分析者	分析家
语误—破读—换喻—符号—声类—假借—读破	
梦—散拆—隐喻—想象—形族—转注—拆散	
症状—开断—无喻—实在—意域—句读—断开	

第十四讲
（2004年12月15日）

我在大学不是学自然科学的，也不是研究天文的，因此我不是从自然科学的角度，而是出于精神分析的需要来谈问题。子性，是我们将在下周的儿童精神分析讨论班中将要提出的概念。与之相对应的概念，从家庭的角度讲，是父母；从文明的角度讲，是天地。了解中国人说的天和地是怎么回事，就是了解中国人的无意识。在这个意义上，我给大家开几个书目（略）。

希望正在学习英文和法文的人，要把时间放在语言的学习上。我开的这些书都是闲书。因为我们首先是个精神分析家。

上次讲了律和听觉的定位相连，因为每个月的地气是不一样的，律管能感觉到。今天我要举的另一个例子，是现代脑科学的研究。在我们的大脑中，听觉和视觉系统具有对应关系。但是因为人的大脑太复杂，无法直接进行研究，所以人们从研究一种鸟，即苍鹨入手。鹨本身是一种鱼鹰，以吃老鼠等为生，其大脑相对比较简单。

研究发现，苍鹨的视顶盖和听觉系统是在一起的。当它听到老鼠的叫声，一定是和看到老鼠相匹配的，然后才可能有行动。如果听到的声音在左，而看到的老鼠在右，它就无法决定向哪边行动。科学家发现，苍鹨的大脑结构如下图 14-1：

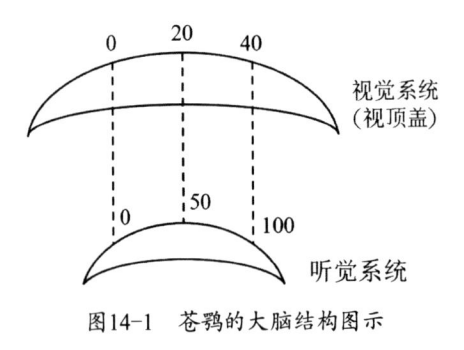

图14-1 苍鹨的大脑结构图示

在视觉角度为 0 度时，两耳的时差为 0；当视觉偏向到 20 度时，听觉系统时差也随之变为 50 个单位；视觉偏

第十四讲 （2004年12月15日）

40度时，两耳的时差变为100个单位。

研究发现，苍鹦的听觉脑细胞和视觉脑细胞是一一对应的，科学家给刚出生的苍鹦戴上一个棱镜，使它的视角偏了20度或者40度，结果发现其听觉也相应地变化了50个单位或100个单位。解除了棱镜以后，听觉又跟着视觉回到了正常状态。

科学家同时还发现，视觉系统和听觉系统的匹配存在着关键期。如果把戴上棱镜的小苍鹦关在笼子里，219天以后才去掉棱镜，那么它的听觉系统就再也不能和视觉相匹配，视觉和听觉系统就始终是错位的。如果这些戴棱镜的小苍鹦不是关在笼子里，而是和其他正常的苍鹦整日在一起，那就不存在这个关键期，摘掉棱镜后，它们还是可以回到原来的匹配状态。

从这个研究中，我们可以得出三点启发：

1. 想象和符号系统具有对应性。

2. 病理学的问题正是由于这种对应性的错位，也许是视觉和听觉的错位。例如当一只手不能动时，其实是由于动手的观念本身存在着压抑，这就是错位。

3. 精神分析让这个错位回到正常位置，但如果没有回到正常状态的趋势，那就不能分析。有人批评弗洛伊德，只谈分析，不谈整合。这是因为人本来就存在着匹配的机制，压抑的解除会产生一个自动的整合，可以回到原来的位置。让想象界和符号界相匹配的力量是否可以考虑为实在界？

拉康的镜像阶段理论也是基于实验心理学。

学生：这样是否把精神分析太简单化了，生物化了？

霍大同：我们说的是匹配关系。这个研究给出了一个解释，人当然比这个复杂。

伍林科特的理论所存在的问题，是只有自我，没有自我和小彼者的关系；只有想象界，没有想象界和符号界的区分。对这个苍鹭的研究例子加以说明的是拉康的理论。

实在界是不能被想象和符号化的，它是生物的问题。一个想象和符号的因素被压抑在实在界，如果这个症状是生物的问题，那就不是精神分析的问题。只有欲望的客体被压抑，才有症状。

如果说是实在界出了问题，那就是生物问题，而精神分析处理的是精神结构导致的症状。是支配手的观念受到压抑，是想象和符号的系统出了问题，因此我们才用言说的方式来解决。

以前我讲过，在生物和精神系统之间，存在一个膜

第十四讲 （2004年12月15日）

或屏，膜上为精神结构，膜下是神经系统。观念支配我拿这个杯子，但也可能会导致手拿不动杯子。如果有神经问题，也会拿不动杯子。膜上的紊乱导致膜下的紊乱，而不是相反。存在着膜上的运动对膜下运动的支配。

学生： 处理实在界的方式是用生物学的方法吗？

霍大同： 在大脑中，存在着一个观念到另一个观念的运动。膜上有问题，会导致膜下的问题，上面解决了，下面也就解决了。如果需要解决膜下面的问题，才能解决膜上的问题，那么这就是生物学上的解决。但生物学知识本身就是想象和符号，我们从来无法面对完全的实在界，我们始终处于实在和想象、符号之间。

一些极端的拉康派认为，导致问题的是符号界，因此问题的解决也是符号界本身的运动。但是由此带来的问题是无法解释梦的问题，同时也无法回答，乔伊斯（James Joyce）[①] 用写作来维持精神病不发作的原因。如果把语言放在具体的语言中讨论，例如在中文中，听觉和视觉是相互压抑的，而不是听觉压抑视觉。那么是否有其他的方式

[①] 爱尔兰作家、诗人，20世纪最伟大的作家之一，后现代文学的奠基者之一，其作品及"意识流"思想对世界文坛影响巨大，代表作《尤利西斯》《芬尼根的守灵夜》《都柏林人》等。

可以解决症状？有，儿童的绘画和做胶泥，这是儿童精神分析常用的方式。语言是最简单的表达症状的方法。同时，拉康努力想回答语言为什么能治疗症状，我认为他还没有完全回答这个问题。就是因为我们还没有对这个问题做出清楚的回答，才有现在如此多的心理咨询方式。

我个人认为，只有拉康的理论才能回答这个问题，但是现有的拉康的理论是不够的，要进一步考虑想象界和符号界的关系及构成。我现在所研究的是中国的文字材料，还有现代脑科学的成果。我们不能简单重复拉康的话，拉康的理论是人类探索心理的一个过程，这是我和其他拉康派的区别。但只有拉康理论这条路才是出路。

第十五讲
（2005年1月5日）

抵抗。抵抗让治疗继续或者让治疗结束。显然，抵抗是分析者对分析家的抵抗，因此弗洛伊德认为抵抗来自于继发性过程。但显然，如果没有无意识作为基础，这样的抵抗是不成立的。因此抵抗自身是来自无意识的。

如果抵抗来自无意识，那无意识又是什么？无意识就是我们的过去。我们整个分析的工作就是对我们过去经历的重构。抵抗是在这样的重构中发生的。因此它是有无意识基础的。过去又是什么？过去显然是和创伤经历连在一起的。创伤是什么？与其说是实际的经验，还不如说是幻想性的东西。弗洛伊德在狼人个案中说到创伤，不管狼人看没看见，创伤是来自于他的幻想。事实上，在精神分析中，我们没有办法了解和证明，他究竟是看见或没看见。

所有分析者讲的东西，我们都无法像科学那样去证明。外部或实际经历本身不重要，重要的是对于外部或与外部互动的感受。就像特柯（Monique Tricot）夫人讲的，重要的不是实际的父母是怎样的，而是他幻想中的父母形象。也就是说，精神分析考虑的是人的精神结构和精神器官相对于生物学系统的独立性。这才是我们工作的基本领域。

这样一种观点，实际上推动了弗洛伊德和拉康走向对并非是实际经历而是精神器官的基本功能关系的研究。在弗洛伊德前期的理论中，他考虑更多的是一个创伤性经历如何被压抑到了无意识。如果我们能够解除该压抑，并让病人回忆起这个经历，症状就会消失。到了后期，弗洛伊德在提出第二个人格理论时，把症状放在了人格结构（它我、自我、超我）的相互关系上来考虑。这是一个转变。拉康意识到这个转变了，它和结构主义的思想是一样的。任何事件都必须在结构中被考虑，因此，拉康就进一步发展弗洛伊德的精神结构的理论，提出了他的 L 图。弗洛伊德认为自我是一个视觉的维度，而超我是一个声音，是符号性维度。但弗洛伊德没有明确地把这两个维度提出来。拉康提了出来，并考虑了自我与主体、彼者的关系是如何通过互动而形成的。精神分析作为一种对过去的重建，不

第十五讲 （2005年1月5日）

是要去认识具体的事件，而是要重构整个人格结构。

补充两点，对于这样一种关系，现代认知科学和脑科学是有所认识的。脑科学的认识分为两个维度：情节记忆、语义记忆。一个是事件记忆，即情景记忆，而另一个幻想性的东西则依赖于语义记忆，它是结构性的。例如，孩子出生时，院子里有一棵枣树；这是关于具体树的记忆，但是当用语言说那个东西是"树"时，它就变成了一棵一般性的枣树。当孩子再看到另外一棵枣树时，他会认出这是棵枣树，也就是说，情景记忆变成了语义记忆，因此，存在着这样两种记忆维度。从开始受到具体的情节记忆的影响到后来语义记忆的发展，这是拉康等人所走的一条路。

弗洛伊德一开始把重点落在情景记忆上，后来转到了语义记忆，即一种类型、结构上的关系。从弗洛伊德到拉康都有这个转变，这也是被现代脑科学所证实的。

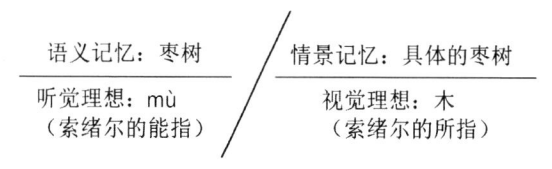

语义记忆：枣树	情景记忆：具体的枣树
听觉理想：mù（索绪尔的能指）	视觉理想：木（索绪尔的所指）

图15-1　情景记忆与语义记忆图示

由此就有了一个网。想象和符号组成的网络支配着我们记忆的方式：当有了情节记忆和语义记忆后，以树为例，具体的枣树就会变成一个一般性的视觉形象，如同汉字中的"木"，我们把它称为"视觉理想"，上面是树冠，下面是树根，中间是树干。同时，视觉理想和声音"mù"连在一起。听觉理想和视觉理想的结合形成了具有符号维度和想象维度的知觉系统和记忆编码系统。这里的视觉理想类似于索绪尔的所指，听觉理想相当于能指。声音仍然是一个理想状态，我发"mù"音的时候和你们都不一样，然而我们都知道我发的音是"mù"，这时我们有一个一般化的东西。见图 15-2：

想象	符号
木	mù

图15-2 认知结构的视觉理想和听觉理想图示

想象的视觉理想与符号的听觉理想结合，是一个认知领域的结构，当它转到人格结构的时候，就有图 15-3：

第十五讲 (2005年1月5日)

母 | mǔ

想象母亲	符号母亲
小彼得	大彼得

图15-3　人格结构的想象维度和符号维度图示

从弗洛伊德到拉康,他们都认为母亲是想象维度的,没有符号的母亲,包括多尔多(Françoise Dolto)说的"符号生成性阉割"也一样,它是指母亲为了让孩子进入到符号系统而进行"阉割"。符号系统是父亲,他们只谈符号性父亲,不谈符号性母亲。这里面有一个基本的困难:犹太-基督教文化从上帝开始,是上帝创造了男人和女人。那么上帝究竟是父亲还是母亲?显然这个上帝代表着符号性父亲,那里没有符号性母亲。因此弗洛伊德始终认为超我是由父亲代表的,社会的规则性系统是由父亲代表的,母亲只是孩子爱的对象。然而我们可以提出一个问题:在《圣经》诞生之前,社会是什么样的?弗洛伊德在《图腾与禁忌》中,仍然只谈到一个父亲,他霸占了全部女人,儿子们回来弑父,然后他们在庆祝宴会上感到罪恶感;为了消除杀父的罪恶感,儿子们找到图腾来代表父亲，并且不和自己部落的女人发生性关系，而是把她们交换出去。这样一个假设仍然是人类的父权的假设，所以弗洛伊德不谈符号性母亲的观点。这种观点被列维-斯特劳斯的结构主义所继承，他认为文明的基础是乱伦禁忌、异族通婚，文明仍起源于父权。因此，多尔多只谈符号生成性阉割，不谈想象阉割，而事实上，剪脐带（脐带阉割）、断奶（口腔阉割）等都是母亲给予的，所以必须承认有一个符号性母亲，她代表一个基本的规则。

所以我的图里面有和拉康不一样的东西。实际上，拉康当时是矛盾的，因为当时儿童精神分析已经有许多资料显示，有符号性母亲，比如克莱茵所说的"坏母亲"就是给出规则的母亲。

精神分析发现了很多原来的西方思想无法解释的东西，精神分析虽然重构了一个对人的解释，但仍然受到西方文化的影响和束缚。

弗洛伊德把癔症和口腔冲动联系在一起，把强迫症和肛门冲动联系在一起，但是口腔和肛门都是和母亲相关联的。因此，弗洛伊德中的父亲是在生殖器期才插入的。在口腔期和肛门期，显然只有母亲的给予，在此期间的阉割是由母亲引起的。在这里，弗洛伊德有一个矛盾。

第十五讲（2005年1月5日）

但是，在弗洛伊德构造理论的时候仍然受到了《圣经》的影响。而拉康还受到另外的约束。在列维-斯特劳斯的乱伦禁忌中，符号性母亲始终没有出来。如果我们考虑到弗洛伊德论述中的矛盾，再考虑到一个基本的想象和符号结构的形成，我们就不得不考虑在人格结构中间的二维性。

与上次讲的苍鹦的例子相同，人类也具有先天的视觉和听觉的匹配，想象和符号的发展是相互交织的。科学研究表明，孩子最早通过母亲的气味来辨别母亲，然后是通过声音，在五六个月时才可以分辨母亲的面容。

从先天的角度或实在界角度来说，想象和符号始终都有一种匹配的关系，这样的关系造成了我们和彼者以及和自我的关系。当我们考虑想象性母亲的时候，也必须考虑符号的母亲。

学生：符号的母亲就是一个给予规则的母亲，但也许一个给予规则的母亲仍然可以是一个想象的母亲？

霍大同：符号性阉割就是说"不"，多尔多说这是从脐带的阉割开始的。然而符号系统是由父亲代表的，母亲说"不"，只是为了让孩子进入符号系统。这条思路是从弗洛伊德和列维-斯特劳斯那里过来的。拉康说想象维度是一个诱惑的关系，所以父亲的介入就是对母子乱伦关系说"不"。现在，我第一步是要把所有的母亲说"不"的材料统一进行命名，即这是符号性母亲。而想象的母亲，她既说"是"，也说"不"。

西方考虑的是原罪问题，而没有考虑羞耻心的问题。羞耻心是东方人的特点，东方人做了不好的事情，便觉得无脸见人。下一步我们要研究想象的母亲的双重作用。在镜子阶段，中国人的镜子仍然是有着双重作用的，除了镜子的诱惑作用之外，"自知之明"具有调节的作用。想象母亲在起禁止作用时，是通过面部表情的变化而实现的，这在西方是不太重要的。

学生：是否母亲给予的规则也只是代表父亲给予的规则？

霍大同：要回答这个问题就要回答，母亲说"不"的规则是不是都从属于父权的规则。人类学告诉我们，中国的父权很晚才出现，最早出现的是母亲的"姓"，父姓最早称为"氏"，起源于夏商周时代。最早的姓氏是母姓，如果是父姓，那么最早造字时"姓"字就会用"男生"而非"女生"了。拉康的观点认为，姓代表父权符号系统，

第十五讲（2005年1月5日）

同姓不通婚；可是中国的乱伦禁忌开始是由母亲代表的。另一个例子是摩梭人社会，在其权力体系中，母亲在先，舅舅其次；在母权和舅权之间，母权高于舅权。父权高于母权的说法在中国不成立。还有一个材料是《红楼梦》，贾宝玉只要遇到"开科取士"和"女孩嫁人"这两件事就很不开心，他在大观园中就很快乐。他喜欢的是大观园的规则，不喜欢贾政代表的开科取士的规则。大观园所代表的就是一个母权规则。贾宝玉的悲剧在于他不愿意接受父权规则。

在"姓"字的创造中，可以看出乱伦禁忌是由母亲给予的。实际上，父权规则是由婚姻产生的，在春秋末期和战国时代。司马迁说孔子是"野合而生"。在那个时代，还没有固定的婚姻关系。

在西方，固定的婚姻是12世纪兴起的，那时候才有父姓的产生，类似于"氏"的产生：以职业为姓，以地点为姓。在半个世纪至一个世纪后的未来，固定的婚姻模式会瓦解吗？现代社会的根本发展是女性地位的提高，这导致婚姻模式必然瓦解。西方固定的婚姻模式持续了不到一千年。进一步说，如果婚姻模式瓦解，那还有没有社会规则？这个规则又由什么来代表？可能的选择是：摩梭人的选择；或者是男人孤独地在一边，女人和孩子在一起。

我想说的是，存在着两套规则，母权的规则比父权的规则更为基础。但这种剥离很困难。

第十六讲
（2005年1月12日）

在弗洛伊德建立的理论中，有一个在言说的人，甚至在催眠中也是这样，但这个说者本身在弗洛伊德、克莱茵甚至伍林科特的框架中都没有得到解释。为什么这样说呢？在弗洛伊德的拓比理论中，超我给出规则，如果自我在说，那么它我也在说。既是自我在说，也是它我、超我在说。这个问题提出来之后，这个自我本身就要分成两个部分：一个是说，一个是被说。因此，拉康认为，有了主体和自我的区分之后，才能够定义说者和被说者；在这之前，二者都是没有被定义的，也没有区分想象和符号的维度。言说的维度和被言说的维度在弗洛伊德那里没有被区分开来，因此精神分析的设置本身没有得到理论性的解释。尽管弗洛伊德发现了这个设置，但他没有在理论上进行解释，而拉康解释了。

拉康把它我放在主体的位置上，主体处在一个类似于弗洛伊德它我的位置上，拉康认为，正是这个东西在言说。由此，拉康在 L 图上划分了两个维度；在想象和符号的维度拉开之后，主体和自我就代表着不同的维度，这同时也是对弗洛伊德的自我重新给出的描述。拉康把弗洛伊德的自我、它我、超我放在新的框架中重新描述，并进一步提出了主体和自我、主体和彼者的关系的问题，主体始终是相对于彼者而言的，始终是相对于彼者被定义的。当然，自我也可以被理解为一个彼者。因此，整个主体是和另外三者连在一起的，拉康借此来解释精神分析的设置，解释为何能够通过把脑袋里的东西说出来，而导致一个主体的重构。

另外，从宏观的文化产生的角度来说，弗洛伊德和拉康仍然仅仅是对西方整个父权文化符号系统的解释，而没有考虑犹太教产生之前的情况；仅仅满足于提出犹太-基督父亲的作用，而没有考虑在这之前的东西。显然，儿童精神分析告诉我们，必须回答在父亲介入之前的母亲的作用，因此我们说必须要有符号母亲的概念。但是，同样是儿童精神分析，多尔多提出的符号生成性阉割，指出母亲的阉割是不够的，因为其目的是进入符号系统，即还有一个父亲的规则；而英国学派的克莱茵、伍林科特，包括现在的客体关系理论的持有者们，都不考虑父亲的作用，仅仅考虑母亲的作用。这是不完整的，我们必须考虑父亲的作用，实在的、想象的和符号的父亲，否则是不完整的。因此，在这个意义上说，我们就有一个公式，见图16-1：

$$\frac{\text{符号我}1}{\text{符号母亲}} \quad \text{主体 \$} \quad \frac{\text{想象母亲}}{\text{想象我}1} \quad \Longrightarrow \quad \frac{\text{符号我}2}{\text{符号父亲}} \quad \text{主体 \$} \quad \frac{\text{想象父亲}}{\text{想象我}2}$$

原发结构　　　　过渡阶段　　　　继发结构
　　1　　　　　　　2　　　　　　　3

图16-1　人格原发结构与继发结构图示[①]

俄狄浦斯情结发生在过渡阶段。必须有继发结构，基本的人类结构才是完整的。临床的问题我先不说，我只是从文化的角度来考虑问题。

中国的文献材料非常清楚地告诉我们，父权是在夏商周时期才出现的，在这之前显然有个母权社会。现在，我们能够看到，伴随父权的诞生，婚姻制度是对女性的压抑；而随着近代社会的发展，这样一种固定的婚姻关系越来越衰退，五十年到一百年之后，以压抑女性为基础的、

[①] 图示中的 $，即划杠的主体，代表分裂的主体或者无意识主体。

强调父权的婚姻模式也许会瓦解。那么，在未来的和父权产生之前的社会中，有没有父亲的位置？以摩梭人的例子来说，我们看到，存在一个依附于母权的舅权，但这个舅权是必需的，舅舅对于男孩子来说是个认同的对象，不然男孩子就不知道什么是男人。此外，他以后如何和男人打交道，如何和异性的性伙伴相处，这些都需要他现在有一个他所爱的男人，这是必需的。因此，在父权产生之前和衰落之后，都仍然会有某种父权，有一个对孩子的人格形成来说必不可少的符号性的父亲（也许可以写成符号性的舅舅）。

在固定的婚姻产生之前和瓦解之后，想象的、符号的和实在的父亲之间会出现分裂，例如由于母亲的性伙伴有替换，所以和母亲关系最近的兄弟对孩子形成性别认同很重要。可见符号的父亲可能和实在的父亲是一样的，也可能是分开的。

在弗洛伊德提出俄狄浦斯情结以后，马林诺夫斯基（Bronislaw Malinowski）在一个太平洋的岛屿上做研究。那里是一个舅权社会，所以他认为俄狄浦斯情结是文化情结，而不是普适的情结。后来米德（Margaret Mead）也认为，在这种部落中，男孩和女孩都没有青春期的躁动，但

第十六讲（2005年1月12日）

后来有人的研究否认了这种说法。我的问题是，父权和舅权之间到底是什么关系？尽管人类学家做了许多讨论，但是仍然没有一个根本的回答。如果摩梭人到我们这里来做分析，也许可以回答这个问题。事实上，这里涉及一个乱伦的问题，符号性的父权和实在的父亲之间的差别，显然影响了符号性父亲的作用。如果它在孩子人格中起的作用不一样，那么又是如何不一样？目前还没有一个精神分析式的问答，也许将来会有。

拉康的弟子拉普朗什（Jean Laplanche），就以分数的模型为基础来批评拉康。现在我们要回答，尽管我们借用了分数，但这并不是用数学来解释图式，而只是表示差别性结构的关系和压抑。

如果把 L 图变成图 16-2：

$$\frac{主体}{大彼者} \quad \frac{小彼者}{自我}$$

图16-2　人格基本结构图示

这个公式描述父权社会之前和之后的结构，是一个时空的基本结构，既有时间，即原发、继发、过渡的结构，同时又有空间的结构，是基本的人格结构。它不因文化的变动而改变，不管是不是父权，它都是最基本的必需的结构，它和进化论拉开了距离。我的观点仍然是结构主义思想，原来的结构主义只谈空间，不谈时间，现在我是在时空的统一上谈结构，不以文化的变化而变化。

当然这是最少的、最基本的结构，还有一个比较复杂的结构，下一次谈。

学生：许多独生子女在长大结婚生育以后，他们的孩子就没有舅舅了，那父权在哪里？

霍大同：可见，如果没有对成熟男人的认同，就没有男女的区分，只有原发性的女性。在原始社会，有性别角色的分工，还有年龄（儿童、少年、成人、老人）的分工，同时，男人认同一定是存在的。拉康认为，孩子对父亲的认识都依赖于母亲言说中父亲的形象，母亲的态度决定了父亲的形象，为了让孩子有男女的认同，必须有一个和母亲相对的男人的形象。因此，符号父亲和想象父亲是连在一起的。另外，必须有一个具体的男人，女孩子才会有性理想。

学生：共生阶段更多是想象性的？

霍大同：共生阶段是三界（想象、符号、实在）合一。

第十六讲 （2005年1月12日）

我不同意阿彼波，我加上了符号的母亲，这涉及乱伦禁忌的起源问题。我认为，从临床来说，乱伦禁忌规则不是父亲带来的；在摩梭人社会中，最早的乱伦是亲子的乱伦，然后是兄弟姐妹之间的乱伦，还没有父女的乱伦关系。

克莱茵的好母亲、坏母亲，伍林科特的 self，多尔多的符号生成性阉割，这些都是说，是母亲给出了规则，当然这与乱伦禁忌有差别。但在这点上，首先是母亲拉开了孩子和母亲的距离；其次，语言是由母亲带给孩子的，语言本身就是结构。语言有先天的结构，对声音的辨别也是先天的，听觉和视觉的关系也是先天的。需要重新讨论实在的关系，随着生物学的发展，弗洛伊德当时的讨论过时了，而现在有些人只考虑精神系统，这也是不完整的。

潜在的要变成显在的，必须有一个彼者，必须有一个外部的东西，即符号的和想象的母亲。也就是说，孩子形成人格结构的过程，是对母亲的内化过程，但同时还有外化的过程。

孩子哭，表达请求，母亲和他说话，这些都是语言形成的准备阶段。孩子获得母语后，就只能发出母亲语言的音。例如，我们不能发 R 音，而发 L 音（比如 paris 的发音）。这时已经有了压抑，有了规则的给予。另外，基本的行为方式也是母亲给的。我本人没有做儿童的精神分析,但我把克莱茵等所描述的给出规则的母亲放在符号性的母亲位置上。

第十七讲
（2005年1月19日）

接着上一次的讲，上次我们给出了一个简单式，原发结构为图17-1：

$$\frac{\text{符号我1}}{\text{符号母亲}} \quad 主体\$ \quad \frac{\text{想象母亲}}{\text{想象我1}}$$

图17-1　人格原发结构图示

下面我们给出一个继发结构的复杂式，首先是女式，见图17-2：

$$\frac{\frac{符号我2}{符号母亲2}}{\frac{符号性理想}{符号父亲}} \quad 主体\ \$ \quad \frac{\frac{想象母亲2}{想象我2}}{\frac{想象父亲}{想象性理想}}$$

图17-2 人格继发结构图示（女式）

男式，见图17-3：

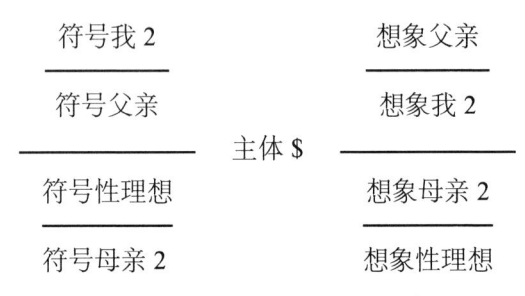

$$\frac{\frac{符号我2}{符号父亲}}{\frac{符号性理想}{符号母亲2}} \quad 主体\ \$ \quad \frac{\frac{想象父亲}{想象我2}}{\frac{想象母亲2}{想象性理想}}$$

图17-3 人格继发结构图示（男式）

对男孩子来说，性理想的对象最早来源于母亲，后来他爱上母亲以外的人，性理想对象成为符号性理想对象；对女孩子来说，正好相反，但两性都有一个符号性的性理想对象。我想说的是，我们观察原发结构和继发结构，会发现女性的认同更多和原发结构一致，只是加上了父亲的

第十七讲 （2005年1月19日）

维度；而在男式，就较为复杂，有一个结构性的颠倒。与弗洛伊德不一样的是，弗洛伊德认为男性比女性更容易产生性别认同，这和临床是不一致的，我认为恰恰相反。由于前期的母亲本身就是歧义性的，她同时是母亲和女人，因此女人形成认同就更容易一些。我与弗洛伊德的另一个不同在于，在原发结构中性的问题没有显示出来，而弗洛伊德没有标明原发和继发的差别，没有把阉割导致的效果表达出来。当然，这是很复杂的。

在人格结构中，一个维度是性别认同的维度，父亲的男性的性和母亲的女性的性；还有一个亲性的维度。从人格结构的形成来说，孩子人格的形成意味着人格作为精神性结构从亲代传到子代，因而人格结构类似一种文化的基因，从亲代传到子代，一代代地传递。这需要一种亲性的欲望，男人和女人欲望着成为父亲和母亲，把自己的人格结构传递给子代，即做母亲和父亲的欲望。尽管做母亲和父亲的欲望是通过男人和女人的欲望实现的，但自从有了性的避孕后，性的快乐和子代的传递就分开了，而在这之前二者是混在一起的。

人和动物最大的区别是人没有不应期，因而人类的性欲望与动物的性欲望的生物基础不一样，很多人的性欲望都是通过快感而实现。除了性的快感之外,还有亲性的欲望,这是群体水平上的东西,每次性活动都含有两个东西:性满足和亲性的传递。

关于亲性的欲望,上次有个同学提出问题,说因为中国的独生子女政策,将来就没有舅权了,没有成熟的男人成为认同对象,那么所有的人都是原发结构的重复。这是中国的问题。西方的一个趋势是孩子直接称呼父母的名字,这样做抹去了代的差别,这些孩子的梦也变得非常扁平,结构非常简单。因此,有两个趋势:一个是单亲家庭的增多,没有了父亲;另一个是孩子不喊父亲。特柯夫妇所焦虑的是符号父亲的作用的问题。在中国单亲家庭里,符号父亲也是个问题。

我自己在学精神分析之前和学习过程中,对中国人口问题很有兴趣。我想到中国文化的悲剧。自从生物的种群分为男女后,亲代是雄雌两个,子代也是雄雌两个,一对夫妇必须要繁殖两个以上后代才可以维持传递。这和死亡率有关,必须繁殖两个以上后代才有可能使种族繁衍,如果繁殖低于两个,这个群体一定会消失。从宏观的角度说,全世界人口是增长的,包括中国也是扩大的趋势;中国有句古话叫作"不孝有三,无后为大",强调的是孝,

第十七讲 （2005年1月19日）

重心是落在亲性的欲望上，一夫多妻制最基本的理由就是要繁衍更多的后代。但是，人口的增长导致我们所处的自然环境恶化，于是政府不得不出面限制生育。西方人反对这种做法，认为不人道；但中国没有办法，如果这样下去，那么等待中国的将是灾难，强化亲性的欲望的结果就是种群的消亡。在新中国成立初期，长期战争以后中国人亲性的欲望很强，这是正常的，不完全是政策的问题，但这构成了未来的悲剧。后来实行计划生育，一对夫妇只生一个孩子，这又使我们的后代没有了舅舅，甚至父亲。

不过，从整个人类的趋势看，一些群体消亡了。在近代以前，消亡的原因不是这个群体自己没有亲性欲望，更多是由于外在的因素造成的。另外，还有一些文明本身在缩小，例如18世纪之后的法国人口就处于负增长。目前，在发达国家，亲性欲望越来越弱，法国政府采取非常多的政策来鼓励生育，现在人口是有些增长，但研究发现增长的是移民，而不是本土的人。总之，亲性的欲望要么太强，要么太弱，始终不平衡。

下面请大家提问。

学生：目前在世界范围内，发达国家人口增长慢，不发达国家人口增长快。中国也是经济发达的地区增长慢，农村增长快。说到亲性的欲望，农村的传统观念是担心自己老了没有人养老。

霍大同：这是和死亡焦虑连在一起的，因此有许多年轻人不得不生孩子，因为这是他们父母的欲望。

学生：从原发结构到继发结构是时间上的顺序，那么横线上下的关系是什么？

霍大同：精神分析的临床告诉我们，性对象的选择是以父母为原型的，但是实际的乱伦的现象是很少的，即使一个女孩子对父亲有女性的感情，在童年期她仍然会爱上一个父母之外的对象。无论男女，实际的爱总是短暂的，生活中的人总是和理想的人有差别。而把性理想和父母区别开来，在弗洛伊德和拉康的理论中，是阉割理论以后的结果。

学生：弗洛伊德和拉康的图式中都有个定位，您的定位是什么？

霍大同：我是对拉康图式的双倍化，见图17-4。

第十七讲 （2005年1月19日）

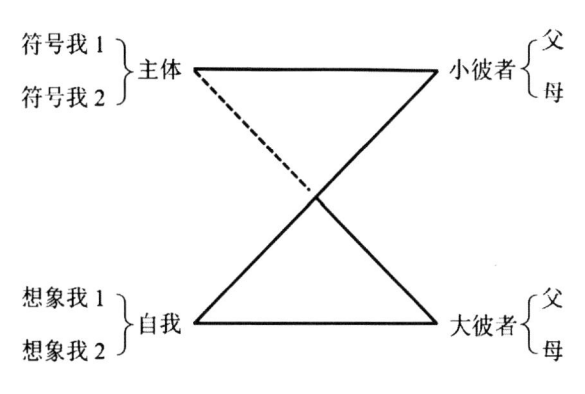

图17-4　单值双倍的拉康L图式

在拉康的 L 图中，小彼者和大彼者没有区分父母，父亲和母亲没有区分，大彼者和小彼者因此就要双倍化。主体和自我也要分成两个。还有一个差别是，切分的主体写成符号我，自我写成想象我，主体到了中心。在上面这个图中，没有实在界，为了把后期的实在界安置到这个图上，可以把客体小 a 放在 L 图的中间。但是如果这样的话，加以双倍化后绘图就有困难，最简单的方式是通过镜像的效果把图变成图 17-5：

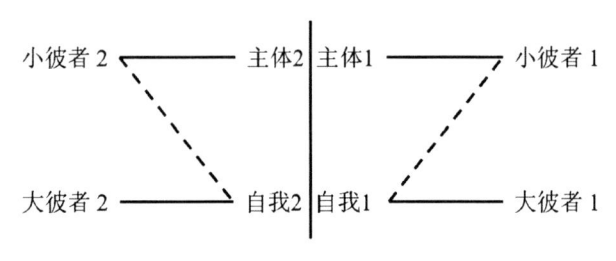

```
小彼者2 ←——— 主体2│主体1 ———→ 小彼者1
        ╲       │      ╱
         ╲      │     ╱
          ╲     │    ╱
           ╲    │   ╱
大彼者2 ———→ 自我2│自我1 ←——— 大彼者1
```

图17-5　拉康L图镜像效果图示

我们可以看出，图中虚线所表示的是想象的关系和符号的关系，想象和符号的关系完全是交织在一起的。不过，如果把想象简约为视觉，把符号简约为听觉，这种交织就不符合现代脑科学的成果。在脑科学的研究中，听觉和语言区是分开的，大脑恰恰是把想象和符号分开的，因此这个简单的镜像图是有问题的，需要重新画。

在拓扑学的研究中，我找到了中国的太极图和笛卡尔坐标图。在太极图中，内圈是想象，外圈是符号，两条类似莫比乌斯带的太极鱼首尾相连套在一起。为了说明这种关系，我画了我的图。在把拉康所有这些要素放在图上之后，中间还需要有一个东西进行整合，同时又保持距离，有扩展的力量，因此我把主体放在中间，处于实在、想象、符号之间。我把拉康的主体变成符号我，把拉康的自

第十七讲 （2005年1月19日）

我变成想象我，我就这样来考虑拉康后期的理论，考虑想象、符号、实在三个维度，而拉康在原来的L图中只有两个维度。

用我们的术语来修改拉康的L图，就是图17-6：

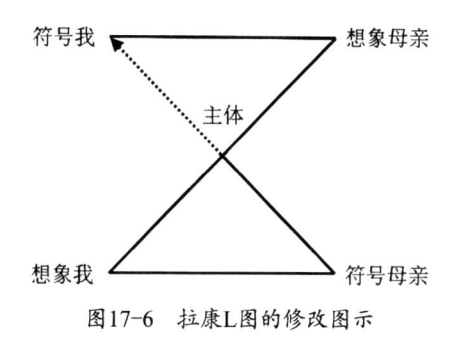

图17-6 拉康L图的修改图示

写成数学化的公式，就是图17-7：

$$\frac{符号我}{符号母亲} \quad 主体\ \$ \quad \frac{想象母亲}{想象我}$$

图17-7 拉康L图的修改图示数学化公式

学生：在您前面讲的继发结构式中区分想象我和想象母亲、符号父亲和符号我，我认为想象我也有两个，对男孩和女孩都有原发和继发两个结构，在继发结构中，也有符号我1和我2。

霍大同：我说的是最低限度的结构。西方的公理性系统都是最有限、最基本、不能相互包含的元素，而结构的外延可以无限复制。现在这个结构是不是最有限的？我希望得到大家的批评，说某个元素可以去掉，是多余的。

镜子的映射是最简单的模型，现在我希望通过汉字的模型来做一个假设，来指导脑科学的研究。从最简单的东西开始，以后又可以从这里继续往前走。在笛卡尔坐标图和太极图之间有相通之处，以后如果有人觉得有道理，可以继续发展，论证拓扑学和坐标的关系。

学生：法国人的亲性欲望不是很强，而中国人的是太强，是这样吗？

霍大同：我是把代情结和性情结放在一起的。在西方，代情结也很强，在弗洛伊德发现无意识的时候，他仍然受到西方文化的影响，因为西方文化就是他们的无意识，而我们观察的角度是不一样的。西方建立社会靠的是契约关系，它来源于罗马法；在家庭平面上，这种关系表现为夫妻关系，是与性关系连在一起的。中国虽然也有法律，但是传统是建立在孝上面的，社会平面上强调的是忠，即君臣关系，而家庭关系上强调的就是孝，即儒家所

第十七讲 （2005年1月19日）

说的父子关系。因此中西两种父权文化是不一样的：一个落在亲子关系上，一个落在夫妻关系上。由于现在离婚率太高，有许多单亲家庭，没有夫妻关系，实际上家庭关系是以母子关系为轴，既不是父子关系，也不是夫妻关系，不符合原来传统婚姻的定义，原来关于家庭的定义仍然是父权的定义。

下面我们给出一个兄弟姐妹结构，也是扩大式：

姐妹，见图17-8：

$$
\begin{array}{ccc}
\text{符号我 3} & & \text{想象姐妹} \\
\hline
\text{符号姐妹} & & \text{想象我 3} \\
\hline
& \text{主体 \$} & \\
\hline
\text{符号性理想 2} & & \text{想象兄弟} \\
\hline
\text{符号兄弟} & & \text{想象性理想 2}
\end{array}
$$

图17-8　人格结构扩大式姐妹关系图示

兄弟，见图17-9：

```
    符号我 3              想象兄弟
    ─────                ─────
    符号兄弟              想象我 3
    ─────      主体 $    ─────
    符号性理想 2          想象姐妹
    ─────                ─────
    符号姐妹              想象性理想 2
```

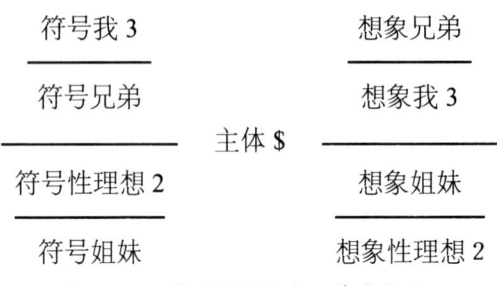

图17-9 人格结构扩大式兄弟关系图示

在小汉斯的案例中,我们看到,小汉斯妹妹的诞生,以及小汉斯和小伙伴玩游戏,爱恋一个女孩等等情景,弗洛伊德没有解释这一团关系:和妹妹、小男孩、小女孩的关系,因此还需要一个图式,一个有关兄弟姐妹结构的图式。一方面,它可能是亲子的继发结构的复制;另一方面,可能是亲子的原发结构的复制。从小汉斯的个案中可以看到,在没有进入阉割情结之前,已经有男和女的关系了,这是建立在原发结构之上、和继发结构同时产生的,称作斜向复制,它可以解释中国的现象。

在中国的亲属称谓制度中,母亲可能转写为伯母、叔母、阿姨等等,父亲可以转写成伯父、舅父、师父、叔叔、君王、老板等等,兄弟姐妹的关系则可以等同于同学、伙伴、同事等等。

第十七讲 （2005年1月19日）

这是一套发生学的模式，结构不断地复杂化，自我不断地被切分，后面的结构是前面基本结构的复制。当然相对于基因水平，这个结构的变异程度大得多。例如，在临床上可以看到，与领导的关系是和与父母的关系连在一起的。

这是我给出的最低限度的模式，在西方，姐妹兄弟不分，只有两个称谓，而中国有四个称谓，是最完整和充分的称谓系统。

学生：我认为中国的这个结构能够更好地解释许多东西。

霍大同：对。西方没有成族的人住在一起，而中国人强调兄弟姐妹的区分很重要，这是和大家庭共同生活有关联的。家族群居的生活方式使人们产生了理清同胞兄弟姐妹间年齿长幼顺序的需要。西方社会没有这种生活方式，因此他们没有这种序列。这个扩大式仍然是最低限度的，姐和妹、兄和弟仍然是不一样的，真正要把独生子女之前的临床弄清，还需要复杂化。

学生：还有老大是男孩或者女孩的问题，以及各个孩子出生的年龄间隔的问题。

霍大同：我没有写这些更为复杂的结构，所给出的是最有限的结构。在具体临床的应用上，你们有兴趣的话，可以继续推导、扩大。

学生：如果符号母亲是原发结构，那么特柯夫人讲女孩接受父亲的阉割而有了改变，这个女孩是接受了父亲还是母亲的阉割呢？

霍大同：弗洛伊德等人都说是父亲的阉割，但是在父权文化之前还有一个母权文化，仅仅是父权的阉割是不够的，母亲也给予了一个阉割。事实上，从一个微观的角度来说，最早出现的是母子关系，然后才是兄弟姐妹关系，到第三个阶段，才是父子关系；前面两种关系在摩梭人中存在，他们也有母子以及兄弟姐妹的乱伦禁忌的存在。列维-斯特劳斯认为交换女人是文明的开始。但是人们在对古埃及的研究中发现，在法老的时代兄弟姐妹的禁忌都还没有建立起来的时候，已建立了父母和子女之间的区分，父母之间是兄弟姐妹，女儿和儿子也是兄弟姐妹的情况。他们这样做的一个理由是为了避免权利的流失，因而没有横向的禁忌；中国也是如此，伏羲和女娲是兄妹。最早的结构是母子距离的拉开，母亲和儿子的乱伦必须禁止，因此才有了结构；同时，乱伦规则仅仅是亲子结构的条件之一，还有其他的条件，这就是确定人格的给出者和接受者

第十七讲（2005年1月19日）

之间的距离，而这个距离构成了最基本的关系，母女的关系也是这样，乱伦禁忌只是这种结构的一个部分。

拉康认为在小汉斯个案中，小汉斯的父亲没有起到符号父亲的作用，我认为他的父亲以分析家的身份来工作，仍然有符号父亲的作用。符号父亲是功能性的，不仅仅是父亲的在场。整个精神分析的文献，并没有区分原发结构和继发结构。

在我的图式中，横线代表着区分，有压抑和差别的含义。它表示这两个结构的元素之间有差别，这个差别是切分和压抑的结果。

学生：为什么不能把主体分为主体1、主体2、主体3？

霍大同：实在界也需要结构化，也就是说，我们要自问：没有被表达的是不是也是结构化的？或者实在界是不是反过来也受到了结构化的影响？我坚持相对论观点，就想象界和符号界而言，它们一个属于视觉范畴，一个属于听觉范畴，作为不同维度的听觉和视觉的转换是一个任意的连接，这是在象的水平上的连接，而在听觉和视觉之下还有一个共同的东西，就是实在界。例如，原来的技术是对视觉图像的模拟，或者对听觉的模拟，而现在的数字技术把视觉的、声音的形式变成数字，这个数字的结构就是一种更基本的结构,成为听觉和视觉的共同结构,因此可以说存在着更基础的东西。无论听觉或视觉都存在一个更基本的形式。在神经元的运动基础上,一些神经元因为听觉和视觉的存在而发生改变,导致整个神经元的改变,这样一个实在界是想象和符号的基础,想象和符号是实在的转换。

存在两种知觉。除了生物学水平上的知觉,拉康最大的贡献在于指出,我们还存有一种精神性的知觉,它是由想象和符号决定的。这个由想象和符号所织成的网的大小、细密程度决定了精神水平的状态。这两种知觉始终是相连的,但又不是一个东西。

但拉康说症状是实在的,是不能被想象和符号化的,在言说时,它就会从想象和符号中冒出来。

第十八讲
（2005年9月21日）

在药物发明之前，精神病医生对病人，尤其是对发作的病人没有办法；药物发明之后，精神病医生对病人更多地是做现象学描述，然后给药。他们没有、不能够、也不想和精神病人谈话，了解他们究竟在想什么。

因此，无论是精神分析家还是精神病医生，对精神病人的发病机制都非常缺乏了解。在这个意义上说，Schreber能够把自己在发作期的想法忠实地写出来，不管是在20世纪初或者21世纪，这个回忆录都是非常珍贵的。到目前为止，根据我的知识，还没有第二个人这样做。（杨春强刚刚补充说，还有一个美国人[1]；那么就有两个人

---

[1] 指的是《一颗找回自我的心》，此书由心理卫生运动创始人克利福德·威廷汉姆·比尔斯所著，记录了作者罹患精神疾病住院前后的遭遇以及内心的思考和体验，被称为世界心理卫生运动的开山之作；杨春强博士在霍大同教授提到Schreber的回忆录时，想到了这个例子。

这样做。）

再有，这个材料之所以珍贵，一方面是因为弗洛伊德对这个材料有非常详细的研究；另一个方面，拉康在第三个讨论班也进行了非常详细的研究。也就是说，Schreber 的个案被两个最伟大的精神分析家所研究。弗洛伊德说，希望大家读一遍这个个案。为什么呢？这涉及妄想狂和精神病的差别。妄想狂的谵妄，是有一套非常系统的逻辑来思考问题的。这个文本最显著的特征是不断地讨论上帝，重复地讨论上帝。在我看来，大多数讨论都没有什么价值，阅读起来让人非常辛苦。也许对这个个案的阅读让我们可以真正地体会妄想狂的思路，以及神经症基础上强迫症的基本思路，这就是这本书的价值。

这本书具有非常珍贵的阅读价值，拉康和弗洛伊德都对它做了详细的研究，因此我们也要阅读弗洛伊德的研究；同时，我们还将讨论拉康从结构主义的角度对妄想狂和常态精神病的一些研究。拉康本人的第一个博士论文写的就是妄想狂个案，他的精神病理论在某种程度上是建立在他自己的艾美（Aimée）个案和对 Schreber 个案阅读的基础之上的。

我们的整个阅读将对拉康关于 Schreber 个案和精神病

第十八讲 （2005年9月21日）

的理论作一个评论，有兴趣深入研究的同学可以阅读这个讨论班。今年我之所以想对 Schreber 个案进行阅读，不仅仅是为了介绍 Schreber 个案本身的情况，也不仅仅是满足于弗洛伊德对妄想狂和精神病理论的解释以及拉康的理论解释。弗洛伊德的著作是在 1911 年写的，拉康是在 20 世纪 50 年代写的，距离现在已经过去一个世纪和半个世纪了；在这一个世纪和半个世纪之后，我们是不是可以提出一些关于精神病和妄想狂的新看法？正是这个想法推动我去读这本书。在整个阅读过程中，我将会在弗洛伊德和拉康的基础上提出一些新想法——除了精神分析本身之外，我还试图就神经科学的发展和药物的发明对精神病领域的新进展给出精神分析式的回答。许多同学听过李九贵老师[1]的课，上学期我们也介绍了一些内容。这些就是我们这学年的课。

下面向大家提供一个简单的 Schreber 本人及其家庭的年谱式的东西——这个年谱式的东西在 Schreber 个案回忆录的附录中有一个。1973 年，在拉康创办的弗洛伊德学院的杂志 *Scilicet* 第四期中有一篇文章：《著名的 Schreber

---

[1] 李九贵，精神科医生，霍大同教授的朋友。

家庭》。这篇文章是一个拉康派精神分析家对 Schreber 历史的追溯。弗洛伊德在写关于 Schreber 的评论时并不知道 Schreber 的历史；拉康在讨论班上读这个个案时是 20 世纪 50 年代，也没有这个材料；直到 70 年代，才有关于 Schreber 历史的研究。我在巴黎时没找到这篇文章，只找到了 *Scilicet* 第一期、第二期、第三期，没有找到第四期，非常遗憾。拉康和弗洛伊德那时不了解 Schreber 的个人经历，所作的一些评论就不是很深入，对有些东西就无法评论。如果有关于 Schreber 具体经历的一些材料，他们就有可能对其妄想做一个说明。

我们首先介绍其家庭。Schreber 家是五姊妹，前面两个是哥哥和姐姐，后面有两个妹妹，Schreber 排行居中。

一、父亲

Daniel Gottlieb Morts Schreber，1808 年 10 月 15 日出生于德国东北部的莱比锡，这个城市靠近波兰。父亲出身于一个从事教育、法律工作的福音基督教（新教）家庭，他本人是医生和教育家。他发明了一种医学体操，致力于改变德国种族，使其成为优秀的种族。当时很多人都有这样的想法，这一想法在希特勒那里到达顶点，可能是因为那时的德国相对欧洲是落后的。他通过这个医学体操把教育和医学结合起

第十八讲 （2005 年 9 月 21 日）

来,并把它推广至所有家庭,也以此把自己医生和教育家的身份结合在一起。1855 年,Schreber 13 岁时,父亲出版了一本名为《室内医学体操》的书;从 1855 年到 1896 年,该书一共再版了 26 次。1861 年 11 月 10 日,父亲因胃穿孔去世,享年 53 岁。在死亡的前三年,父亲遭遇了一个事故:一个铁梯子扎在了他的脑袋上,他因此陷入了严重的强迫症,反复地具有杀人的冲动。尽管如此,他仍然在死前出版了一本著作:《德国人民的父亲,母亲们的作为教育者与指导者的家庭朋友》,书名非常典型地表达了他的欲望——他想成为父母的教育者和指导者。

二、母亲

母亲的经历很简单,几乎没有资料记载。母亲名为 Pautine Haasse,1838 年结婚,死于 1907 年,享年 92 岁。如果这个材料是对的,就说明母亲是个家庭妇女,勤劳、达观。Schreber 的一个妹妹和一个哥哥均早逝,这对母亲打击很大。1907 年,母亲去世,当时正是 Schreber 第三次住院。母亲的去世对 Schreber 有很大的影响。

三、兄弟姐妹

1. 长兄,Daniel Gustar Schreber,生于 1839 年,正是 Schreber 的父亲出版第一本书《健康书册》的那一年。父亲的第一个生物学孩子和精神性孩子的诞生是同时的。长兄于1877年5月8日开枪自杀，终年38岁。他是个法官，也是法庭中的化学专家，生前被诊断为进行性精神病（Psychose évolutive），有严重抑郁。

2. 二姐，Anna，1840年12月30日出生，成年后与一个叫Jung的人结婚。

3. 四妹，Sdonie，1846年出生，比Schreber小四岁，没有婚姻。四妹年龄不大时也死于精神疾病。

4. 五妹，Klara，1848年出生，比Schreber小六岁，曾在Schreber第二次住院时照顾他。

四、Schreber

Schreber本人生于1842年7月，当时父亲34岁，母亲27岁。Schreber从小受到父亲的严格教育。父亲具有严苛的超我，这显然和Schreber的被迫害妄想是连在一起的——对孩子非常严格的惩罚往往会造成被迫害妄想；反之，对孩子的宠爱会造成夸大狂或自大狂。

1845—1848年间，莱比锡经历了严重的经济危机和一次革命。在这场革命运动中，Schreber的家庭和当地政府有矛盾，某种程度上可以说受到了当地政府的迫害。

1859年，Schreber 47岁，达尔文的《物种起源》出

第十八讲 （2005 年 9 月 21 日）

版，这标志着科学和宗教的冲突达到了顶峰。Schreber 始终处在科学和宗教的极度冲突之间。因此，他说他的回忆录对科学和宗教都有意义。

1861 年，Schreber 49 岁，父亲去世。

1862 年，俾斯麦上台，他做了两件事情：其一，他完成了德国的统一——在这之前，德国是分成许多小城邦的；其二，德国在 1871 年的普法战争中战胜了法国，成为欧洲的超级大国。俾斯麦在统一德国时，还遇到了一个重要的问题：德国境内和境外的天主教与新教的冲突；应该说，是反对者或抗议者与传统宗教的冲突。俾斯麦本人是站在新教这边的，和教皇有冲突，并且他把教皇派驻的大使辞退了；也就是说，俾斯麦在政治上统一德国时，借助的宗教是新教。莱比锡地区正好是天主教信仰比较强的地区，因为它靠近波兰，而波兰就是一个天主教国家；因此天主教和新教的冲突在这里非常强烈。之所以强调这一点，是因为 Schreber 反复讨论两个上帝的问题。对于天主教而言，有个确定的上帝；新教（由马丁·路德创立）则对上帝给了一个全新的解释；而东正教还有一个关于上帝的解释，因此在基督教范围内就有三个上帝。对于上帝的存在有三个大的解释系统——犹太教、基督教和伊斯兰教，而基督教的解释系统内又有三种解释。上帝被分化了！这一点在 Schreber 的妄想中是非常清楚的：上帝不是唯一的，而是存在几个相互竞争的上帝。

Schreber 所处的时代是俾斯麦时代，此时德国处在上升期，从一个落后的国家逐渐变得强大；而在 Schreber 死亡时，德国遭遇了一个很大的危机。

1877 年，哥哥死亡。

1878 年，Schreber 与 Sabine 结婚。当时，他 36 岁，妻子 21 岁（1857 年生）。妻子出身于一个戏剧之家，和出身于学术名门望族的 Schreber 之间就有冲突。学术界和文艺界的差别是非常大的。两人年龄差距也很大，他们的结合是学术界的欲望和文艺界欲望的结合。因此，Schreber 认为她既是妻子，又是女儿。

1878—1884 年，Sabine 流产六次。也许是因为流产，他们一直没有孩子。Schreber 在回忆录中说，他的婚姻生活是非常幸福的，唯一的遗憾是没有孩子。他幻想成为上帝的女人，重新创造新的人类。这是一个成为人类母亲的妄想，成为圣母玛利亚的妄想；因为他成为一个父亲的欲望没有达成。我们不知道为什么他妻子流产——如果是他妻子怀孕而流产，可能更多地是女人的问题，而不是男人

第十八讲 （2005年9月21日）

的问题，这一点非常重要。Schreber本人把这个流产的经历记为1885—1893年，这是一个记忆上的错误。

1884年，Schreber 42岁，成为法官，同时成为Reichstag地区自由党的候选人。但在选举中，他以5762票对14512票而失败。同年12月8日，他进了莱比锡大学精神病院，当时的科主任是Flechsig。Schreber被诊断为神经衰弱，怀疑是由梅毒所引起的，他在这里呆了将近六个月。出院后，Schreber被任命为莱比锡最高法院院长。

1893年，Schreber 51岁，被任命为德累斯顿地区上诉法院的院长。俾斯麦在统一德国的过程中，除了要面对行政体制的问题之外，还有一个法律上的问题。当时德国有三个法律系统：一个是普鲁士法，主要在普鲁士及周边地区施行，包括2100万人；一个是拿破仑法典，在靠近法国的地区施行，包括850万人；还有一个是更靠东边地区的，即Schreber生活的地区，包括350万人。为了统一法律，俾斯麦把德意志联邦的最高法院设在莱比锡，从1879年开始统一法律，1887年完成第一稿，但没有被通过；1892年重新开始第二次。Schreber正好在这个时期被任命为德累斯顿地区上诉法院的院长，这时他第二次发病。1893年11月21日，他再次住进莱比锡大学精神科，科主任还是 Flechsig。可以说，Schreber 作为社会父亲的功能越来越强大，但家庭父亲的功能则完全没有，这是一个鲜明的对比。

1894 年 6 月 14 日，Schreber 被转到了 Lindenkof，随后又转到 Somenstein，一直呆到 1902 年。在这期间，他被诊断为妄想性精神病。

1896—1899 年，Schreber 开始写笔记，病情有所缓解。1900 年 2 月，他开始整理笔记，同年 9 月完成正本，即基本内容的 22 章。

1901 年 6 月，Schreber 完成附录的第一部分。

1902 年 7 月 14 日，Schreber 出院。同年年底，完成附录的第二部分，并写了前言。

1903 年，Schreber 与妻子收养了一个 13 岁的女孩，隐居于德累斯顿。同年，Schreber 给 Flechsig 教授写了一封公开信，该信被收录在附录中，并出版了回忆录。

1907 年，母亲去世。同年 11 月 14 日，妻子中风失语，并在 Schreber 死亡后一年死亡。同年 11 月 27 日，Schreber 再次住进精神病院，直到 1911 年 4 月 14 日死于精神病院，终年 69 岁。也在这一年，弗洛伊德写了评论。

以上是 Schreber 的基本情况。对我来说，这些内容

第十八讲 （2005年9月21日）

对我深入地了解 Schreber 的困境和基本妄想有非常大的帮助。我们以后在分析个案时，会多次对现实和妄想进行对比。这是我的介绍，看看大家有什么问题。

学生：刚才提到严格的超我是被迫害妄想的基础。我的理解是：神经症是有超我的，压抑机制比较健全。因此，我认为在这个个案中涉及的是神经症，而不是精神病。

霍大同：这个问题以后再讨论，这里涉及的是被迫害妄想机制的问题。

学生：我查了精神病手册，里面把妄想狂和痴呆是分开的，不知现在是什么情况？

霍大同：我知道的是世界卫生组织的精神病分类系统，还有一个美国标准的分类系统；中国参考它们，同时自己也有一个分类系统。在这里，我们不讨论分类系统。如果有兴趣的话，可以自己去查。国内可以参考沈渔邨的《精神病学》，基本上是美国体系的中国化，代表着中国精神病学界目前为止的最高水平。在欧洲，德国和法国的精神病学在20世纪五六十年代是领先的。

学生：谵妄和妄想的区别是什么？

霍大同：谵妄是一个对说出来的东西的描述，即胡乱说；从说出来的东西来推断内在心理状态的就是妄想。正常人也有胡乱说，只是我们常常把神经症的假话当成真话，把精神病的真话当成假话，这是由于意识的分辨功能在起作用。就精神病而言，我们最大的困难在于病人在发作期是没办法安静地说话的；但他吃药后，妄想也被压抑下去了。我的想法是：对病人用药，正好可以让他能够坐在这里把自己的妄想说出来。

第十九讲
（2005年9月28日）

弗洛伊德简单概括了Schreber的整个发病过程。第一次发作时被诊断为神经衰弱，而不是精神病，经过六个月的治疗就出院了；接下来的八年时间都没有发作，在获得一个晋升机会的时候再次发作，这次被诊断为精神病，最显著的特征是伴有大量的幻听和幻视；第三阶段，严重的幻听和幻视精神病状态变成了妄想狂状态，行为上发生了许多变化。在第二阶段，Schreber处在木僵状态，无法生活，想自杀；在第三阶段，除了有关上帝和女人的许多幻想之外，他可以很好地生活，是个非常典型的妄想狂。

这是Schreber发病的三个阶段，我们在整个学年中都将讨论这些东西。

今天我想说的是他发病的条件。一个是生理学上的条件：他睡眠很少。在整个精神病发作期，他的睡眠紊乱是非常严重的——表面上的理由是准备上任述职。睡眠问题显然是疾病发作的生物学条件。为了理解睡眠紊乱，我们显然需要了解正常的睡眠是怎么回事。从 20 世纪 50 年代初开始，有了睡眠的脑电图，关于睡眠的研究取得重要成果。现在，我将介绍关于睡眠的基本情况。

下面是一个正常人的睡眠周期图（见图 19-1）：

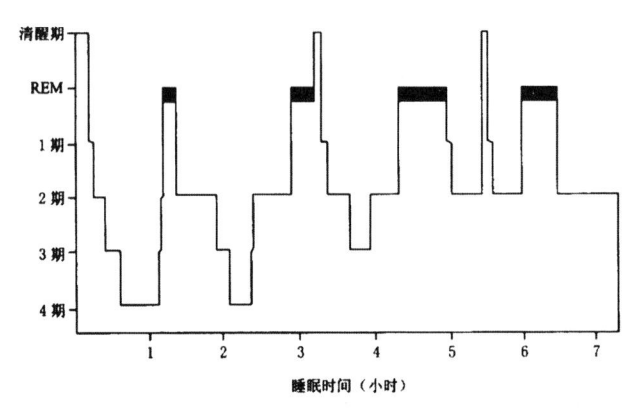

图19-1 正常人的睡眠周期图[①]

我把人的整个精神状态分成三个部分，以纵轴表示：

---

① 经与霍大同教授确认，该"正常人的睡眠周期图"采用了童茂荣所编书籍中的"健康年轻人整夜睡眠示意直方图"。参见童茂荣，《多导睡眠图学技术与理论》，人民军医出版社 2004 年版，第 34 页。

横轴表示时间。首先是清醒期；然后是快速眼动期（REM期），黑色的那一块就是快速眼动期；接下来的Ⅰ期、Ⅱ期、Ⅲ期、Ⅳ期是非快速眼动期。我们可以看到，Ⅳ期在底部，是深睡期，Ⅲ期睡眠浅些，Ⅱ期、Ⅰ期更浅，Ⅰ期和快速眼动期是连在一起的。整个过程呈现为周期性变化。八小时的睡眠中有四个周期，快速眼动期和非快速眼动期进行周期性的变化。同时，我们在睡眠中还有两次清醒期，这意味着醒过来。这个清醒期，既可以发生在快速眼动期，也可以发生在非快速眼动的Ⅱ期。正常人保持着这样一个周期：非快速眼动期（睡眠期）、快速眼动期以及偶尔的清醒期。那么，为什么精神病的发作往往伴随着睡眠周期的打破？

非快速眼动期和快速眼动期以九十分钟的节奏交替进行。所谓的快速眼动是眼睛的一种颤动——当眼睛没有看东西时，眼睛以大约每秒几百次的频率颤动。人们发现，在睡眠中有些时候眼睛有颤动，有些时候没有颤动，因此将睡眠分为快速眼动期和非快速眼动期。对脑电图的进一步研究表明：人的大脑中存在着一些脑电波，清醒期时是 β 波，其频率 $f > 13Hz$，也就是说，一秒内有十三个波；接下来是快速眼动期，为 α 波，这个波同时存在于白天清醒时的安静状态，即对外部世界没有关注，类似于冥想状态。正是因为清醒时有一个α波，在睡眠时也有一个α波，因此快速眼动期的睡眠也是一个悖论性的睡眠——尽管人处于入睡状态，但却具有清醒的状态。接下来是非快速眼动期。在I期，主要是θ波，还有一个颅顶内波、一个尖锐的波；在II期，有一个δ波，还有一个K复合波——我们一会儿再讲它的意义；到了III期，是ξ波，这是个慢波，频率在0—4Hz。我们看到，大脑不同的睡眠阶段有不同的脑电波：清醒期的β波是快波，深睡期的ξ波是慢波，而α波是中波，频率为8—13Hz。为了理解这些波，我画了下面的图（见图19-2）：

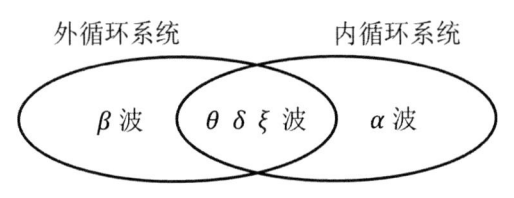

图19-2 内外循环系统的脑电波示意图

首先是外循环系统，β波是眼睛看到一个东西时人脑冒出来的；如果把眼睛闭着，β波就会消失，α波出现。因此，这里有个内和外的关系：看到一个东西时和闭着眼

第十九讲 （2005年9月28日）

睛时，脑电波是不一样的。因此，我们说在大脑中存在着内循环系统和外循环系统。每一次睡眠中都有几次做梦，但我们并不知道我们做了梦。在关于睡眠的研究中，当被试处在快速眼动期时，把被试叫醒，被试会报告说他正在做梦。因此，存在着内意识和外意识。清醒时，我们知道我们在做梦，这是外意识；当我们睡觉时，我们不知道我们在做梦，这时外意识就不起作用了，而是内意识在起作用。但是当被试被唤醒时，外意识就开始起作用。也就是说，有一个"知道"，我把它定义为内省。这个内省和外意识之间是有差异的，如果没有差异，每一次我们做了梦，醒来之后我们都会知道，但实际情况并不是这样。内意识中有 α 波存在，而没有其他几个波存在，即在内意识中，θ 波、δ 波、ξ 波都是不存在的；因此，我们把它们放在中间。当这三个波出现时，我们意识到的精神活动是停止的。如果有外意识，α 波就会被 β 波取代。以后我们还会有一个更复杂的图来表示。

正常情况下，这三个阶段的变动是周期性的；一旦精神病发作，这个周期就被打破了。但是，请大家注意：有些抑郁症患者，长期抑郁但并没有精神病发作。因此，并不是说睡眠周期一旦被打破，精神病就一定会发作——并非是一定的！而是说，精神病的发作往往伴随着一个相对严重的睡眠周期的破坏。

现在回到精神病学。还有一个 μ 波，这个波是个中央波，它和 α 波、β 波是区分开来的。清醒的时候，大脑内部存在着 μ 波。α 波出现在大脑后部，β 波在前部。去年我们讲过：人的大脑中央前回是运动区，中央后回是感觉区；当 θ、δ、ξ 波出现时，整个大脑是安静的，意识完全丧失，处于休眠状态。20 世纪 70 年代，有个美国人试图了解精神病人的脑电波，他找了三组被试：一组是成年精神病患者，一组是儿童精神病患者，一组为高危儿，即父亲或母亲是精神病患者；相应地，他还找了三个对照组。他的结论非常简单：三个组都是 β 波较多、α 波较少、ξ 波也较多。由此他推断精神病患者可能是兴奋过度，或者过度觉醒——这样一个过度觉醒的状态在精神病的发作期是非常普遍的，他们通常整天只有很少的睡眠。

国内研究者后来的发现也证实了这一点：β 波较多、α 波较少、ξ 波较多，是过度兴奋或过度觉醒的状态，这是现象学描述。但这个结论有问题，它只是解释了 β 波多，而没有解释 ξ 波多——ξ 波是深睡状态时的脑电波，即过度抑郁。这也许是整个精神病学界的一个战略性错误。我

第十九讲（2005年9月28日）

们说精神病患者是过度兴奋，给他用药就是抑止兴奋；但结果是过度抑止了，是过度压抑的状态。我们不得不考虑：α波一方面抑止了β波，另外一方面又唤醒了ξ波，β波、ξ波多是因为α波太少了。α波同时有两个作用，即抑止过度兴奋，同时解除过度抑止，让患者变得相对适度兴奋。因此，药物治疗应该是中医的辨证施症，扶正驱邪——扶正是扶ξ波，驱邪是压制β波；倒过来解释，过度兴奋是因为ξ波太弱了，而为了让ξ波更强，自然会抑止β波。这是我的一个初步假设。

这给了我们精神分析家一个关于精神病的战略：让α波更强，让β波更弱。至于α波、β波到底代表什么，刚才我们只说了很少一部分。一方面，神经科学和脑科学的进展也是局部的，还没有取得整体性进展；另一方面，精神分析学界大多仅仅满足于弗洛伊德和拉康的理论，而没有进一步对新的科学发现给出精神分析式的解释。正是因为这样，法国的绝大多数精神病医生对精神分析毫无兴趣，精神病界的精神分析家也越来越少；美国也是如此，精神病院的院长和科主任都不接受精神分析，精神病医生和精神分析家都没弄懂药物的心理功用。我们试图来做点工作。我在这方面是个外行，只是提出一些门外汉的假设。

还有一点，就是所描述的精神病与神经症的脑电波之间的差别。对于情感性精神病，即躁狂和抑郁性精神病就不是这样的，我们并没有找到显著的脑电波水平上的差别；此外，在癔症和强迫症那里也没有明显的脑电波差别。我认为应该有一个更细致的手段可以找到一个差别；但到目前为止，只有精神病（精神分裂）的脑电波有差别。由此我们可以看到：精神病和神经症的差别是大脑神经系统的严重紊乱。

学生：这个图和弗洛伊德的意识、无意识和前意识的图有什么区别呢？

霍大同：这个问题提得很好！弗洛伊德当时没有区分前意识、无意识和内意识，讨论的都是外部的，拉康也是这样。通过我的禅定心理学的解释，我试图对意识做出区分。当时，荣格对内在的神秘现象非常感兴趣，但他没有对它作结构化的解释。在西方，冥想是被忽略的，宗教更多地是外部的东西；而中国的道教和佛教则是更多地关注内部。心理学界更是只关注外部，把内部当成神秘主义。对西方来说，内部世界是神秘的世界；但对中国来说，内

第十九讲 （2005年9月28日）

部世界是外部世界的基础——如果说内部世界是虚幻的，那么外部世界也是虚幻的。

学生： α波、β波之间的没有意识的状态恰恰是两个有意识状态的基础？

霍大同： 对主体来说，我们主观描述的东西都是我们意识到或没有意识到的，因此意识和没有意识是相对主体而言的。在弗洛伊德那里，内意识被描述为无意识；在拉康那里，他把内循环理解为想象的维度，把外循环理解为象征的维度。他们的立足点还是在外部，而中国的禅定是通过内结构来讨论外结构的。这个图就把西方的和中国的结合在一起了。

学生： 这个图和波罗米结有什么区别？

霍大同： 拉康的波罗米结把实在当成一个单独的维度与想象和象征套在一起，我的思路是：有个实在的维度，在这个维度中起来了象。在我的理论中，主体是在实在、想象和象征中间的。这里有一个拓扑学的理由：当我们用两个莫比乌斯带套起时，并不需要第三个莫比乌斯带。波罗米结不是莫比乌斯带，是三个带子套在一起的。如果我们用莫比乌斯带来表示，就只需要两个——两个莫比乌斯带套起后，也就是三个莫比乌斯带，因为中间也是个莫比乌斯带，即两个莫比乌斯带可以组成三个莫比乌斯带，这就足够了。

第二十讲
（2005 年 10 月 12 日）

通过 Schreber 本人的回忆和医生的描述来说明他的两种谵妄：一个是变成女人的幻想，一个是救世的幻想。弗洛伊德认为，变成女人的谵妄是更为根本的，救世的妄想则是第二水平的。下面，我将对这个问题做进一步分析。

在开始之前，我先回答上一次谈到的精神病患者是 β 波（快波）、ξ 波（慢波）过多，中波 α 波较少，而目前精神病学界的做法仅仅是抑止幻想的问题。下课后，一个精神病学的学生给我提了两个问题：一个是关于阳性症状和阴性症状的，另外一个问题是现在的用药是在神经元水平的——如果精神分析要治疗精神病，就必须精确到神经元水平。我希望我们有一天能够达到这个水平，能够理解不同的神经元是如何选择象的，即特定的神经元接受特定的象；以及在精神水平上，象是如何登陆在神经元的，又是如何影响神经元，并导致神经元的混乱的。这是我们下一步要讨论的问题。

第一个问题，关于阳性症状和阴性症状。阳性症状对应的是β波（快波），而阴性症状对应的是ξ波（慢波）。这让我意识到可以把阳性症状和阴性症状连在一起，以中国著名的太极图表示如下（见图20-1）：

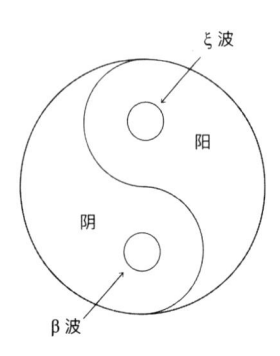

图20-1 阳性症状与阴性症状太极图

可以看到，中波（α波）对快波（β波）和慢波（ξ波）都起到了调节作用。如果我们理解了这一点，就会理解如何把快的调慢，或将慢的东西调快。我想，阴性症状和阳性症状都是借用了中医的术语，但是却没有把它们连结在一起，可能是因为精神病医生学的是西医的缘故。太

第二十讲 （2005 年 10 月 12 日）

极图可以表达许多东西，因为太极图表达的结构是一个非常基本的结构，类似数学公式。这是对于上一次讨论的补充。

当然，仅仅有这个模型是不够的，这在某种程度上是个形上的刻画，还需要一个形下的东西。

回到今天的主题。

弗洛伊德认为，任何一个远离日常生活独特的、不可思议的现象都来自我们日常精神生活的过失；反过来说，对于这些不正常的精神现象，我们要给出一个一般性的解释。在这样一个大的框架下，我同意弗洛伊德的说法：变成女人的妄想是比救世的妄想更为基本的。为了理解这个妄想，我们必须理解 Schreber 发病时的情况。Schreber 作为一个男人，婚姻生活很美满，唯一的缺陷是没有孩子；这意味着作为一个性的欲望是达成了的，但成为父亲的欲望没有实现。不能成为父亲，与此相对的是社会性父亲角色的成功，但在家庭中他是不成功的。这是理解他想变成女人、成为新人类母亲的欲望的关键。当我们知道他现实的情况后，我们知道这与现实中他成为父亲的欲望的受挫是相反的。弗洛伊德说这是现实的剥夺，是因为父性欲望没有达成。我们只有理解了这样一个诱因，才能理解他内心所发生的事。

下面是我在上学期反复画的一个图（以男式为例，见图 20-2）：

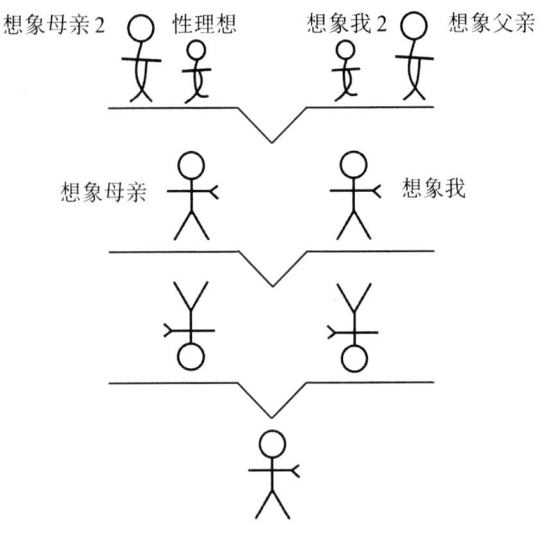

想象母亲2　性理想　　　想象我2　想象父亲

想象母亲　　　　　　想象我

图20-2　一阶人格结构与二阶人格结构（男式）

因为许多同学是这学期才来听课的，我先简单解释一下。现实生活中，一个孩子和母亲互动，并在皮层水平上形成运动象和感觉象，象是上下左右颠倒的，这是第一层；再往上面，孩子和母亲的互动是在大脑中发生的。第一阶段是原发性的精神结构；第二阶段，孩子因为父亲的

第二十讲 （2005年10月12日）

插入而性别化，分成男性化和女性化。

Schreber 有个性理想，即他的妻子。因为象征性母亲的存在，他想成为父亲——只有成为父亲，整个人格结构才能被传递。所有的人格结构都是在母亲和父亲的传递中形成的。如果不能成为父亲，人格结构就不能够得到传递；而他之所以要传递人格结构是因为上一代，即他的父亲把人格结构传递给了他；但是他受到了挫折。他由于妻子不断流产而不能成为父亲——妻子不能成为母亲，自己不能成为父亲；因此，他成为母亲。从男到女的转换是因为他有一个象征性母亲，这是落到了第一阶段。这样，原始的第一阶段的想象我被分成两个东西：一个是女性理想，是虚的；另一个是男想象我，是实的。（见图20-3）

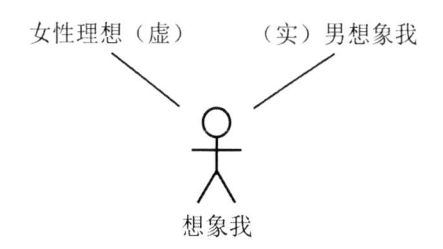

图20-3 人格结构在第一阶段的分化（男式）

这是男式图，女式图则是想象我分化为男性理想

（虚）和女想象我（实）。从原发性想象我到次发性想象我就分成了两个，这是在第二阶段上的切分；也就是说，从男人到女人的转换是可能的。因此，Schreber 作为一个实的男想象我到虚的女性想象我是有基础的。皮层水平上并没有真的发生性别变化，最多只是一些紊乱，性别变化是在精神层级上发生的。正是因为在大脑中存在着一个关于女性的性理想，才有了这个转换。在和彼者的关系中，他落到了想象我的位置，因此弗洛伊德说 Schreber 有一个退行：退行到了想象我的水平上。所以，变成女人的幻想是一个原始幻想，比作为一个想象父亲来救世的幻想更为原始——站在想象的位置上和上帝讨论是次级幻想。原发性精神结构提供了幻想的条件。模型看起来很复杂，但说起来要简单清楚得多。

学生：有没有可能没有女性理想，而直接变成男的想象我？

霍大同：这样就没有一个性别的差异了。想象的母亲在第一阶段是没有区别的，在第二阶段因为父亲插入而性别化。

学生：想象我和父亲的关系是什么？

霍大同：想象的父亲是从现实中内化而来的。父亲给

Schreber 传递了一个愿望，是父性的欲望，让他必须成为父亲，只有成为父亲才能实现这个父性的欲望，这一点启动了他的谵妄。是自己的问题，还是妻子的问题让他不能成为父亲？是妻子的问题！因此，他想替代妻子，从父亲的欲望转到了母亲的欲望（见图20-4）。

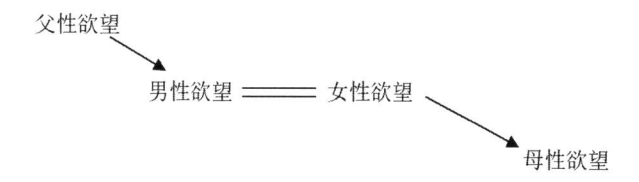

```
父性欲望
    ↘
     男性欲望 ════ 女性欲望
                        ↘
                         母性欲望
```

图20-4　Schreber个案中亲代欲望的传递示意图

幻想成为女人的欲望是亲代欲望——要有孩子；从父性欲望，通过男性欲望的转换到了更深的母性欲望，第一阶段是更为原始的欲望。

学生： 女性欲望和母性欲望的关系是什么？

霍大同： 女性欲望是在前面的，因为他想成为女人，后面才是成为新人类的母性欲望。这和怀孕的幻想是不一样的——许多精神病人有怀孕的幻想，我们以后再说。怀孕的幻想直接是关于母亲的欲望。在 Schreber 个案中存在着一个从男到女的过程。

学生： 你认为原发性结构是精神病结构，继发性结构是神经症结构，那么退行和固着有什么不一样？二者是不是精神病的必须过程？

霍大同： 固着是不前进了，退行是前进了又退回来。所谓原发性结构就是这个人——比如，这个人停留在三岁的状态，这就是固着；而有的人表面上是一个成人，做分析之后孩子气的东西逐渐表露出来，这是退行。当继发结构被破坏时，就只有原发性结构了。

学生： 能不能谈谈欲望二值的问题？

霍大同： 我们原来画过这样一个图（见图20-5）：

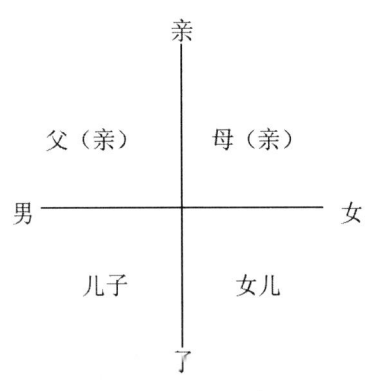

```
            亲
            │
   父（亲）  │  母（亲）
            │
 男 ────────┼──────── 女
            │
   儿子     │   女儿
            │
            子
```

图20-5 欲望的二值图示

我们可以看见，所有的欲望都是二值的：亲子欲望和

第二十讲 （2005年10月12日）

男女欲望、作为母亲的欲望和作为女人的欲望、作为男人的欲望和作为父亲的欲望——由于母亲的缺失才有父亲的插入。克莱因的客体关系理论只强调全能的母亲，而否认母亲的缺口，否认母亲的二值性；只讨论亲子关系，过分夸大母亲的作用。拉康对这点有非常严厉的批评，提出了母亲的缺失和父亲的插入。我认为在原发性结构中有个亲子关系；缺失逐渐表现出来后，才有第二阶段的结构。

弗洛伊德只强调性的问题，因此不能和实在中的剥夺联系在一起讨论；他没有考虑亲性欲望，而只考虑了性的问题。拉康往前走了一步：考虑到了父性的问题、象征性的问题。

下面，我继续讲。

根据大脑解剖的情况，大脑在皮层水平上分成运动区和感觉区。因为左边和右边的身体是不同的，因此，身体的实在象被分成了四份：右半象和左半象；每个左半象又分成运动象和感觉象，右半象也如此（见图20-6）。人的整体的象在皮层水平上是分裂的。精神水平上的想象我是不是也有这样一个切分，对应于皮层水平的分裂？我认为是的。

图20-6　实在我拓扑示意图

想象我和实在我是一个拓扑对应关系。具体来说，人在皮层水平上身子和头是分开的。这意味着任何一个感觉象、运动象都是二分的，于是就有八分；继续下去，就有十六分（见图20-7）。

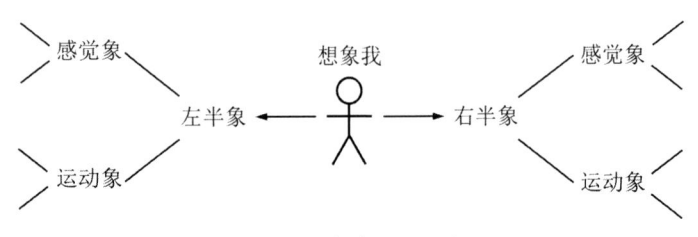

图20-7　想象我拓扑示意图

再进一步，八分的没有性别化的想象我还要双倍化。这样的一种分裂，正常情况下我们是感受不到的，但精神病人是可以感受到的，他觉得自己的身体是破碎的。他如何感受到这个分裂？这是我们下一次要讨论的。

第二十讲 （2005年10月12日）

今天就到这里，大家有没有什么问题？

学生：孩子的感受也是非常破碎的。

霍大同：分裂的状态在正常情况下是不能感受到的，只有在精神病状态下才能够感受到。整个分裂的神经元系统通过象组成了手、足等等；初始是粗略的，以后逐渐精细化，运动最频繁和精细的部分占的面积最大。还存在一个内脏脑，在身体中是各种内脏，是相对独立的。比如说我胃痛，是独立于肝痛的，只是我们平时感觉不到它们的差别，只有在痛的时候才能感觉到差别。但Scheber能感受到内脏的分裂。

第二十一讲
（2005年11月2日）

我想通过给出一些关于精神结构的模型，来回答这样一些精神病是何以可能的。上一次，我们谈了 Schreber 从一个男人到一个女人的转换是何以可能的：他在和母亲的互动中构成了想象我；通过父亲的插入，想象我被性别化，形成了男性想象我；同时，他还有一个关于女性的性理想——正是在这点上，可以有从男人到女人的过渡。在女人那里，也是如此。这也是同性恋形成的基础；这不是一个物理性结构的变化，而是精神结构上的变化。Schreber 女性的性理想是通过母亲的原型构成的，因此追溯到母亲，由此母亲的欲望冒起来了；他不单是想变成女人享受性快感，而是想要成为新人类的母亲。这是由现实中父亲欲望的被剥夺而产生的，这是亲性欲望。任何亲性

第二十一讲 （2005年11月2日）

欲望都是男女共同达成的，任何一个单独的男人或者女人都不能实施一个物理学意义上的再生产、再复制，也不能实现一个精神水平上的再生产；要把自己的人格结构传递下去，就必须有另外一个异性的合作，从而构成一个结。这是我们上一次讨论的内容。

伴随Schreber变成女人幻想的同时，他还感到自己身体完全破碎、器官分裂，这种感受是在他谵妄最严重的时候发生的：一方面是外部身体的木僵状态，一方面是内部感受到身体的破碎和分裂。当他受不了时，他渴望自杀。分裂这种感觉是发生在精神结构水平上的，那么我们如何给出一个结构性的可能性来解释这样的感觉是如何发生的呢？

精神结构水平上，想象我也相应地分为感觉想象我和运动想象我，想象我又有外和内之分。在我们第一次的讨论中曾谈到内循环和外循环，这是一个重要的区分。如下图所示（见图21-1）：

图21-1　想象我的精神结构示意图

我们还要考虑内循环和外循环是两个不同的维度：一个是象征的维度，即语言；一个是想象的维度，即视觉。视觉图像在我们处理外部信息时起作用，因此内循环和外循环还要二分。象征性系统，即语言系统和视觉系统，我们称之为外言和内言：外言很好理解，就是我们听到的；内言就是我们在脑袋中听到的声音，但它并不一定被我们说出。

以下是我们今天的图（见图21-2）：

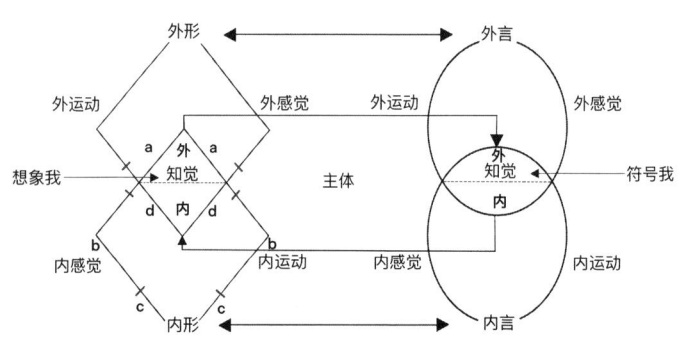

图21-2　内循环与外循图环二维度示意图

a、b、c 是对内形在小短线处做了三分：a＝内想象我；b＝内客体；c＝内彼者；d＝外想象我。

外面的语言，我们听到后通过外感觉通道进入内感觉通道，进入记忆。语言从记忆系统冒起来，如果没有说出

第二十一讲 （2005年11月2日）

来，便通过内运动系统又回到记忆；但也会进入外运动通道，真的说出去。同样地，在视觉系统中，外部的形从外感觉系统进入内感觉系统，进入记忆。内部的形从记忆系统中冒起来，进入内运动系统，可能又回到记忆中——比如打网球的动作——记起来后不一定真地做这个动作，也可能变成现实的行动。

如同索绪尔说的那样，所指和能指是一张纸的两面；形和言是对应的，在知觉的平面上也有一个联系，外循环和内循环是两个莫比乌斯带套在一起的。所谓知觉或意识，是两个莫比乌斯带相交的部分。一共是六个莫比乌斯带相互嵌套在一起。结合我原来提出的主体公式，主体在中间；象征我，即拉康所说的言说主体在左边；想象我在右边。

从临床来讲，我们的工作是通过言说来调动这个系统，这说明了为什么分析是解决主体基本问题的最深刻的方法。行为主义只是考虑外部肢体的循环——但所有视觉方面的活动、最精细化的表达是通过语言而不是通过手，文字和手语都是在语言基础上的表达；因此，内心丰富的感受很难仅仅通过外部肢体表达。此外，心理咨询和心理治疗也强调语言，但其重点在于意识，即强调如何适应外部环境，整个言说的重心落在外循环。只有精神分析假设了无意识，并揭示了内循环。我们通过把内循环的东西转换到外循环中，把想象的东西转变成语言。因此，精神分析是尽可能地使内外循环发生，并导致了两种转换：一个是水平线上的形与言的转换、所指与能指的转换；一个是内与外的转换。

最后，从内转到外，从外转到内。在禅定中，内外循环充分集合，精神分析使两种转换有个最大限度的发生。因此，我认为精神分析才是真正处理人类精神结构的东西。有些理论仅强调外部，有些则仅仅强调内部，只有精神分析包含了两个充分的循环。

Schreber 感到内部有象的冒出，有许多幻想，感受到内形的活动；同时，他的想象我本身崩溃了。因此，我们假设在内循环中，精神结构本身是由三个东西组成的，即内想象我 a、内客体 b 和内彼者 c。想象我的形成是我和彼者的互动的结果。因此，Schreber 不是躯体本身被分解，而是感觉内部器官被分裂，他的外部想象我 d 被分解了；但他的内想象我、内象征我都是健全的。因此，他可以用语言表达出来，写出来回忆录。d 的分裂被 a 感觉到，即外想象我的分裂被内想象我知道。

第二十一讲 （2005 年 11 月 2 日）

学生：在梦中，我们看到的是什么？内想象我还是外想象我？

霍大同：是内形的冒出。梦中的我是一个被性别化的我，登录在记忆系统中。

符号系统、语言的发明是对人的内部感知精细化的表达，语言是对视觉形式的再编码；语言要动起来，被编码的视觉也要动起来。如果两个被割裂开来，语言就只是一个毫无意义的杂音。

在我们的大脑中有一个遗传学模型，类似于 DNA 和 RNA 的关系。内循环是以视觉为主，类似 DNA，需要表达为外部语言语；外部言则类似 RNA，外部也需要进入到内部。从内循环角度来说，想象占优势；对外循环而言，符号系统占优势。

学生：关于禅定的问题？

霍大同：仅仅只有内循环仍然不能开悟——所有的内形全部消失了，用想象把幻想去掉，内形不再冒起，只看到屏，由此认为这是开悟。所有的内在形象都是外形的内化，这些都能消失，外形也能消失，因此，所有的世界都是虚的。佛陀之前的许多冥想者，追求内形的不断冒起，但至死都未完，他们屈从于内形的诱惑。当太阳升起时，一个巨大的能量使佛陀意识到幻想消失，呈现为一个明镜般的屏，这时才对幻想有了一个深入的理解，欲望和欲望的对象才得以分开，这就是一种开悟。到了慧能的时候，他认为神秀的这种状态并不是一种开悟，因此以后开始参话头，有了语言的干预来维持内循环和外循环的平衡。当然，禅宗的参话头也有问题，这个我们以后再讲。

第二十二讲
（2005年11月16日）

关于Schreber的上帝幻想内容的问题，我们以后再讲，我们继续讲精神结构。今天主要讲精神病的幻听与幻视：我们如何在一个精神结构的水平上定义幻听和幻视？往往结构越简单，解释起来就越复杂；反之，结构越复杂，解释就越简单。

上一次讨论中，我们的结构是一个拓扑学的结构（如图22-1）。为了区分开声和形，一个用椭圆、一个用菱形来表示，两个莫比乌斯带组成了三个莫比乌斯带。

图22-1　精神结构拓扑学示意图

拉康的《被窃的信》中有这样一个图，如下所示（见图22-2），这是我到目前为止看到的与我的图最为接近的图。

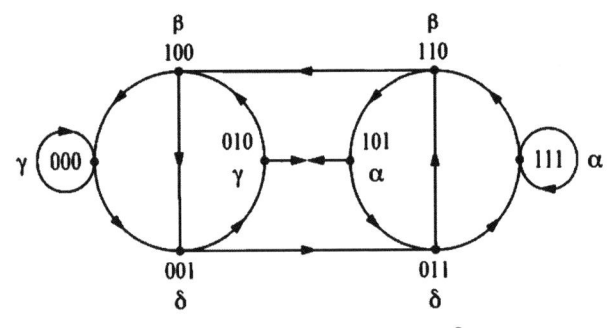

图22-2　α, β, γ, δ NETWORK[①]

拉康在20世纪50年代并没有讨论拓扑学问题，在后期才开始讨论。如果把上面这个图拓扑化，就是我现在的图。

拉康想用拓扑的方式来纽结。我曾经到拉康的住处参

---

① J. Lacan, *Écrit*, Éditions du Seuil, 1966, p. 57.

第二十二讲 （2005 年 11 月 16 日）

观，看到有许多纽结的绳子。据他的女儿说，拉康在晚年不断地缠绳子，但他没有缠出来。当然，我之所以有这样的图，是因为借助了中国汉字。我曾经画过中国的形声字图——即使是表意文字，也有形和声（见图 22-3）。

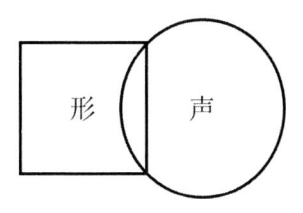

图22-3 中国汉字形声示意图

比如"松"字，木是形，其声音被压抑了；公是发音，而形被压抑了。我们说形代表想象界，声音代表象征界，义代表实在界。通过拉康的波罗米结，我们给出了一个中国汉字的经验性模型，从而把西方的精神分析和中国人的思想联系起来。

对于这个图 22-4，如果我们把一个人的头部的顶盖打开，那么我们就可以看到大脑是分成左右半球的，而且神经科学的研究表明：左半球是主要处理声象信息的；右半球是主要处理形象信息的，因而我们有这个图的上面部分，即左声右形结构，这个结构是从解剖学的视角看到的。

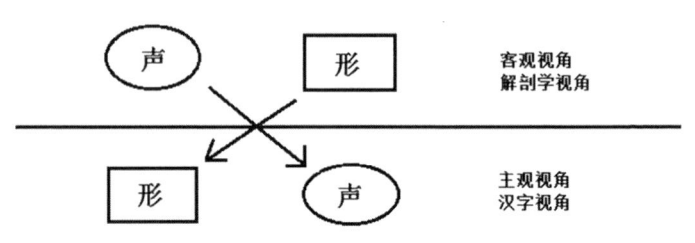

图22-4 中国汉字主观视角与客观视角示意图

另一方面我们遇到另外一种左形右声的结构，这个结构是汉字的主要结构。因为绝大多数汉字是形声字，而在形声字中，左形右声的字占绝大多数。所以我们把这个结构称为从汉字的视角，即主观的视角所看到的结构，左形右声结构，并把它画在图的横杠下方。

为什么大脑的解剖学显示的是左声右形呢？神经科学家的研究告诉我们，我们视觉左右边的信息在综合起来后，要到右脑去处理。因此就有了文字的左形被大脑右半球处理的交叉。

同样的左耳与右耳听到的声象信息在被综合起来后，要传给大脑左半球去处理，因而有一个文字的右声与大脑左半球的交叉。这样就有一个客观视角与主观视角或者说解剖学视角与汉字视角的左右转换。

因此，主观视角和客观视角在大脑里接受的过程是不一样的。主观视角意味着信息在大脑中要多走一转，而客观视觉直接就发生了。我为什么要画成客观视角？是因为中国人太习惯于主观视角，需要颠覆一下。反之，对于西方人来说，他们太习惯于客观视角。如果有一天我的图翻译为法文，我建议将其颠倒过来。东西方在空间关系上是不一样的。

实际上，我们看到的只是一半。实际情况是声音仍然由大脑的左半球和右半球同时处理，视觉也是被两个半球同时处理，只是重点不同。因此，还有另外一半没有表达出来。实际情况如下图所示（见图22-5）：

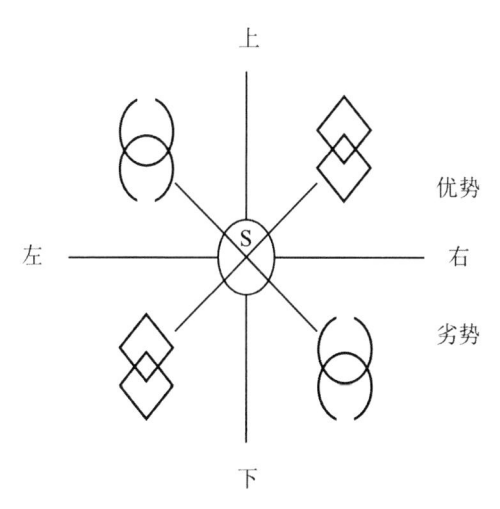

图22-5 大脑对形声字的处理示意图

我们只讨论了优势的情况——对于优势部分来说，实际的情况应该是下面的图（见图 22-6）：

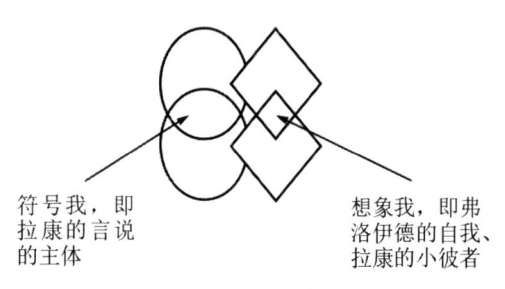

符号我，即拉康的言说的主体

想象我，即弗洛伊德的自我、拉康的小彼者

图22-6　大脑优势部分对形声字的处理示意图

主体我 S 在图的中间。

但是，这样就太复杂了。为了方便讨论，我们把这个图拉开，来分别讨论不同的部分。因此，关于这个图，我给了三点说明：第一，视角问题；第二，左右半脑问题；第三，任何部分的莫比乌斯带纽结关系。

为了便于讨论，我们来看以下的图（见图 22-7）：

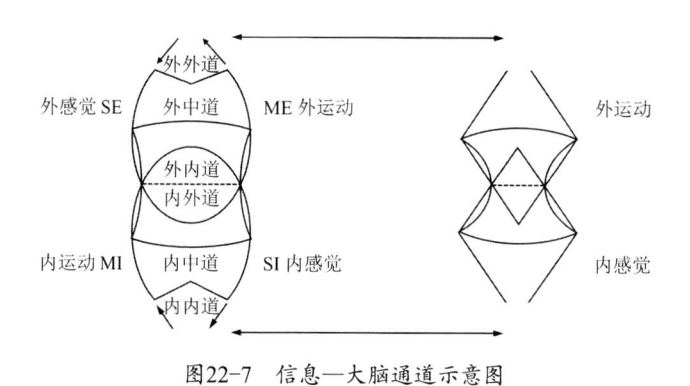

第二十二讲 （2005年11月16日）

图22-7 信息—大脑通道示意图

这个图的基本要义是相互纽结在一起。信息有以下几种方式作用于我们的大脑：

I：外信息→ SE →外外道→ ME

（信息从外面进来没有经过我们的意识就出去了。）

II：外信息→ SE → a →外内道→ SI →记忆 （意识过程）
　　　　　　　　.b →内外道→ SI →记忆

（无意识过程：信息已经进入到我们的大脑，但我们并不知道，可能以后会知道。）

有 b，不必然有 a。

III：内信息→ MI →内内道→ SI →记忆

（记忆中的象自己冒起来，自由组合，是内言和内形的运动，随后又回到记忆中，完全在我们的意识之外。）

IV：内信息→ MI →内中道→ a →外内道→内外道→ SI →记忆
（右左向）（左右向）

（意识过程，我们能够回想起一些东西，然后忘记。）

.b →内外道→外内道→ SI →记忆
（左右向）（右左向）

（无意识过程，存在着一些东西冒起来，但我们根本不知道，例如梦、禅定状态中等等。）

有 b，不必然有 a。

V：内信息→ MI →内中道→外中道→ a →内外道→ SI →记忆
　　　　　　　　　└──────┘（左右向）
　　　　　　　　　内意识过程

（无意识过程，例如我思考写文章的过程。）

.b →外中道→ MI →出去
（右左向）

（意识＋无意识过程，例如文章写好了。）

第二十二讲 （2005年11月16日）

有 a，不必然有 b。

有 b，必然有 a。

Ⅵ：内信息→ MI →外内道→ SI

（幻听和幻视：存在着一个假道，内部的信息假道外知觉的通道被我们知道。）

可见，图很复杂，但说起来非常简单。

学生：为什么外中道、内中道都是内意识？

霍大同：人们感觉到的都是内部的东西。例如，我想象与朋友约会，这个想象与实际情况不一样，发生在外中道。另外，请大家注意这个图的基本运动方向，如上图所示（见图 22-7）。

我想通过这些道来表达意识和无意识的关系。第一，我首先提出内意识的概念；第二，有些意识的东西会变成无意识。最早讲这个过程的是美国人詹姆斯，弗洛伊德没有讨论这个问题：逐渐程序化的过程变成了无意识。

学生：假道是怎么回事？

霍大同：最古老的时候存在着这个通道，随着人格的形成和发展，这个通道后来被封闭了。我们最初是没有内与外的区分的，是后来才有的，这个内与外的区分过程是我们区分身体的过程。因此，存在着一个原始通道。在精神病的发作中，这个原始通道被逐渐打开；没有这个通道是不可能的，幻听和幻视是不可能的。精神病患者听到的声音与从外面听到的声音是一样的。

学生： 为什么精神病会打开这个假道？

霍大同： 到目前为止，我的想法是，精神病患者是外部系统过度兴奋而导致功能丧失，从而让内部循环系统直接冒出来；而神经症是外循环系统过分强大，检查机制过分严格——精神分析就是让选择变得没有那么强。

学生： 如何区分生理学结构和精神性结构？

霍大同： 人通过与外部的互动把生理结构格式化，如同电脑磁盘格式化一样；同时，这个格式化也改变了神经元系统。反之，如果神经元坏了，当然也会导致精神系统的损坏。结构化过程就是人接受最早的信息，以后有可能接受更多的信息。我们的记忆本身支配了我们的知觉和运动，同样的东西在孩子那里和在成人那里是不一样的；因此，所有的记忆还要反过来影响我们的感知觉。

第二十二讲 (2005年11月16日)

学生：口误在哪里？

霍大同：内部冒起来的东西有两种可能：一种是抑制下去，一种是说出来。口误就是被压抑的东西又冒起来了。从结构上说，口误和非口误的结构是一样的。

第二十三讲
（2005年11月23日）

首先，关于上帝的问题。Schreber说上帝不理解活人，就是说上帝不理解他；显然，他试图替代上帝来对世界做一个理解，这个我们以后再详细讨论。今天，我们接着讲。

图23-1右边是言系统，左边是形系统，整个结构是在神经元基础上形成的。屏的下面是神经元，是化学运动和电运动；上面是精神结构，是象运动。从象的角度来说，整个结构就是屏，能够使象的存在独立于神经元的存在；从生物学的角度来说，屏就是一个膜，一个超越于细胞之上的东西。因此，屏具有二元性。所以，我画的整个结构都是在屏上的运动，言象和形象被储存起来。同时，在运动时有一个传输类型，而象本身还有重组，也需要一

个神经元的支持。在我看来，横向通道本身构成了第二种形，屏本身也是由神经元组成的，另外的象才能在屏上显示。因此，有必要区分精神结构和神经元在象的水平上的独立性以及它们之间的相互关系。屏是一个结构，它所处理的是象。

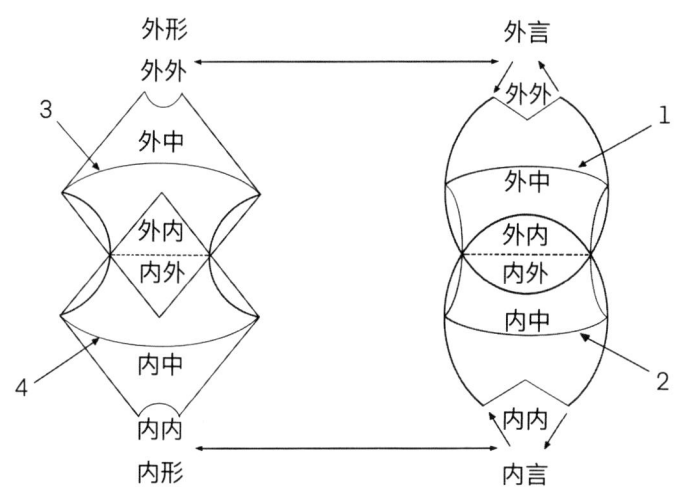

1. 外中屏：亚氏屏（域）（或者亚里士多德屏）
2. 内中屏：禅宗屏（域）
3. 外中屏：欧氏屏（域）
4. 内中屏：佛陀屏（域）

图23-1 精神系统屏结构示意图

因为象在不同的通道上运动，这些通道本身也可以看作屏；因此，一种是区分象和神经元的屏，另一种是象在不同的水平上被加工的屏，即工作屏。第一种屏是水平的，第二种屏是垂直的。当我们说象的时候，指的是象的这些运动过程；当我们说屏的时候，是相对于象征我和想象我而言的：我看到了的、我听到了的主观经验。因此，当我们在描述客观过程时，同时也在试图对我们的主观经验进行结构性描述。之所以说客观性，是因为内内道和外外道是我们所不知道的，这是作为"我"的局限性——外外道是客体心理学的研究对象，内内道是我们主体经验的假设。

如何看待我们的主观经验？从形象系统来看，内内道是我们所不知道的，但还存在着内中道，后者是印度的冥想者、禅定的实践家以及我们的梦所显示的。我们知道一些内中道的内容，这些形象具有离散的特征，是一些离散形象的冒出——包括短语——它们是不经过进一步加工而直接冒出来的，即我们所说的精神病现象。因此，内中道也是精神病性的。但是参破这些内容、发现这个结构的是佛陀，他是第一个发现内中屏的人。许多人对这些离散现象有兴趣，但第一个参破它、理解它的是佛陀，我因此把它命名为佛陀屏。

在佛陀发现佛陀屏之后，才有了一个有目的的实践。

第二十三讲 （2005年11月23日）

人们按照一定的程序禅定，目标就是要体会到这个屏，达到明镜般的状态。然而，许多人有了这个明镜般的状态，但并没有开悟，这时就有了另外一个东西——禅宗并没有解释语言本身对视觉的编码，而如果要对视觉形象有个理解，必须用语言来进行编码；因此，就有了参话头来实现一些突然的开悟。禅宗把我们带到了言说系统中的内中道。禅宗发现在我们内部存在着语言所具有的离散性，这个离散的语言区域的唤起才是开悟的根本，因此，我把这个屏命名为禅宗屏，也可以说禅宗域。这样，我们对两个内中就有了一个命名——用两个东方的人来命名。

从记忆中冒出的离散东西被我们听到和看到，"我"的领域就具有一个选择性，"我"把自己希望进一步了解的东西走到外中道，即这些内部信息从内中道进入外中道被进一步地加工。对于视觉系统而言，是形和形的重组，把离散的形组成连贯的东西，这就是幻想的故事。同时，也有言和言的组织；言的组织只有两种：词组和句子。在这个领域才能说我想、我思。佛陀域和禅宗域的东西是游离于"我"之外的，弗洛伊德称为"它我"。到了外中道，就到了"我"的领域，被"我"所控制，才有可能把一个形和另外一个形连在一起做比较，把一个言和另一个言连在一起。那么，我们的问题是：对于这个领域，有没有人做过讨论？有，这个人就是欧几里德！最简单的形是点、线、面，所有复杂的形都可以被分解成简单的形，例如中国的陶瓷。因此一个人讨论空间，认为点是没有面积的，线是没有宽度的，面是没有厚度的，这就是欧氏几何。但在实践中，所有的点都是有面积的，所有的线都是有宽度的，欧氏几何只有在我们内知觉的屏上才是可能的。因此，我们把这个屏命名为欧氏屏。这个屏是欧几里德几何发现的，成为了整个西方自然科学的基础。另外一方面，第一个清楚地讨论言和言、形和形关系的是亚里士多德，他对形做了比较和分类，并对语言进行了定义，例如，要使 a＝b，那么必须使 a＝a。习惯上，我们说某个东西等于其自身，其实不仅仅如此；言，语言本身就等于它自身。因此，我们把外中道命名为亚氏域。

我的这个模型是建立在主体体验之上的。人类无论是对内心的探索，还是对外部的研究，都是对人类自身精神结构的理解；只有理解了精神结构，才有对外部和内部的理解。当离散的东西被外中道加工并表达的时候，外中域对应的是神经症状态，即信息虽然在欧氏屏（域）和亚氏屏（域）得到了处理，但并没有变成行动；因此，这里还存在着一个把思想变成行动的检查机制，而神经症的检查机制便是一些观念的禁止。精神上的原因导致外循环兴奋，从而失去把离散的东西处理为系统的东西的能力，内部东西直接冒出来了。这不是神经元器官上的改变，而仅仅是功能上的紊乱，即精神病。因此，药物能够抑止过度兴奋、恢复正常功能，这才有了精神病患者恢复的可能性。有这个能力，但不能变成行动，就是神经症。

当内部的言或形冒起后，首先有个自动的重组，然后进入佛陀域和禅宗域，变成离散的东西被我们看到和听到。我们在内部看到和听到的东西在主观感受上是异于我们的。但是，这些看和听起了一个选择的作用：有一些离散的内形和内言通过这个选择机制而进入亚氏域和欧氏域，这个加工的过程可以反复进行；加工之后还存在着一个选择，有些可以被表达，有些则不被表达而重回记忆系统。

学生：在你的模型中是不是有两道检查机制？

霍大同：我想说的是，检查机制的标准是双重的：一个是认知的，另一个是道德的。如果只有道德的，我们就不能解释科学。所谓的高峰体验，既可能是认知的，也可能是道德的；从认知角度来说，它还没有达到能够被更为细致加工的程度。但如果仅仅只谈认知也不够，我们以后再讨论。

学生：为什么你会假设内中道？

霍大同：我的假设是：记忆系统中存在着的象的随机突冒导致形象的随机组合，并构成了新的形象。例如，高峰体验是一个人一直苦苦思索而不得的结果。新形象是重新组合的结果到了内中道；但这时的象是离散的，只有到了外中道才变成连续的，并把原来具象的东西变成抽象的几何图形，例如中国的彩陶。在外中道发生的事情同时是"我"能够控制的，而禅宗却要打破"我"对"象"的执着，这时离散的语言就呈现了，开悟就是把一个连续的东西打破。我们可以看到，所有的禅宗公案，一个和尚到另外一个和尚那里寻解，往往要走很长的路，往往伴随着非常痛苦的思考；这时，一个当头棒喝把苦苦的思考打断，离散的东西才冒起来。

学生：你说的道是什么意思？

霍大同：就是象所经过的路径。当我们把内中道变成内中屏就是相对于我的主观描述，而道则是客观描述。到目前为止，在客观科学的研究中没有屏和道的概念，更多的说法是这个脑区、那个脑区，没有一个整体的概念把所有的都联系在一起。认知科学最大的问题是散的，没有说清楚相互之间的关系。

学生：是不是所有这些屏都依赖于神经元？

霍大同：这个结构的运作依赖于神经元的正常运作；如果神经元不能正常运作，这个结构也会被破坏掉。

第二十四讲
（2005年11月30日）

我们先补充一下上一次讲的内容：一个是符号我，一个是想象我，以及主体所处的位置，如下图所示（见图24-1）。

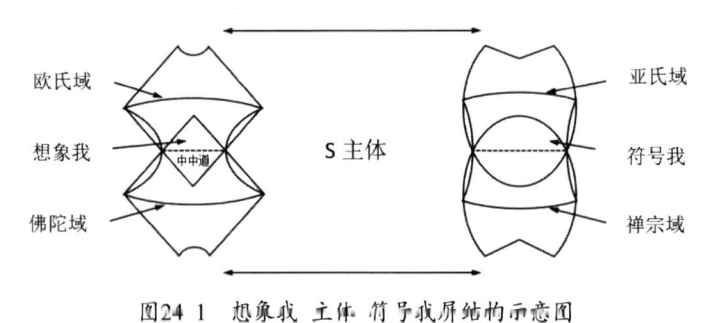

图24-1 想象我 主体 符号我屏结构的示意图

想象我是从拉康的自我那里来的，拉康的自我来自弗洛伊德的自我。在弗洛伊德之后、拉康之前，自我心理学处理的就是这个想象我，即防御的问题。防御不是对外部的防御，而是对内部的防御；因此，自我心理学虽然是对弗洛伊德理论的简化，但它仍然是精神分析，因为它考虑的仍然是内部的问题，这和行为主义是不同的。行为主义讨论的是外部的行为，否认内部的心理过程；认知心理学研究的则是外部的信息如何被内部处理。这些都是美国心理学的潮流。自我心理学认为防御是对内部冲突的防御，仍然坚持了精神分析的基本立场。

外部的危险来了后，可以躲；但内部的危险来了，没有办法躲，只能压抑，用一个象压住另外一个象。因此，这个图形也能够对自我心理学有个说明。

拉康开始讨论言说的问题，一方面是因为精神分析的设置正是通过言说来解决问题的。为什么言说？自我心理学没有回答这个基本问题，它认为语言仅仅是思想的表达，是对视觉信息的表达。弗洛伊德发现了言说的重要性，但对其重要性的讨论仍然比较模糊。整个20世纪西方的思潮认为：语言不仅仅是思想的表达，还对视觉信息进行了编码，改变了我们的视觉构成，语言在某种程度上决定了我们对外部的观察和思考；因此，两个循环系统是相互纽结、相互嵌套的关系，它们是相互编码的。这样一种相互编码的过程也得到了认知心理学的证明，即语言和视觉是双编码的；中国汉字也证实了这一点。因此，我提出符号我是站在符号的维度来思考想象界的问题的。这一点对我们分析家来说尤其重要。而在此之前，由于没有拉康的理论，我们总是站在想象的维度。拉康的理论让我们不单单分析形的系统，还要分析言的系统，这是个二维的过程。因此，拉康理论对临床的理解更为精确，拉康派的耳朵就比非拉康派的耳朵更为灵敏。

想象我和符号我纽结的中心是主体，借助于主体才有了想象我和象征我的转换，这是第一点补充。

第二点，所有的象都投到屏上。整个区域为域——域内的象和形，许多人都看到了，但是没有人发现屏；屏是佛陀的发现。域本身是以发现它的人或者学派来命名的，象外之象本身的发现是更伟大的发现。我们已经讨论了佛陀域离散的象被想象我所选择，进入欧氏屏中加工；同样地，在言的系统中，禅宗域离散的词汇被象征我所选择，然后在亚氏屏加工。这里有两个问题：一个是梦的领域具有异于我的性质，并不由我来控制，但却仍然是个连续性过程，这与佛陀域是离散的东西是矛盾的。我的想法是，每天我们做了许多梦，但知觉到的梦很少，因此，被我们

第二十四讲 （2005年11月30日）

知觉到的梦和没有被我们知觉到的梦之间是有差别的：不被我们知觉到的梦是在佛陀域活动的，被我们知觉到的梦的活动则是在我们外意识觉醒的瞬间，佛陀域的内容由此进入到欧氏域。所谓觉醒，是外意识觉醒了，我们意识到我们内部的工作。因此，也许梦的工作本身是佛陀域的工作，但是当它的内容激起了我们的外意识，就进入到了欧氏域。弗洛伊德的《释梦》中有个例子，在闹钟响的瞬间有个很长的梦。在我们觉醒的瞬间，佛陀域离散的形进入欧氏域，组成一个序列，类似于一个故事。

当然，这仍然是个假设，需要神经科学去证明。我们能够做的是在精神结构中区分外意识和内意识，这个区分让我们明白存在着一个领域是我们无法知觉到的，也就是我们所说的内内道和外外道，这标志着想象我和符号我的限制。因此，主体是大于想象我和符号我的，主体的概念包括了所有的精神结构。想象我和符号我主要包括了四个域，标志人类作为主体对自身精神结构的认识所到达的极端状态——佛陀域和禅宗域是对内循环系统的理解，欧氏域和亚氏域是对外循环系统的理解；它们表明了想象我和符号我可以认识的极限。在这个极限之外，还存在着一些东西不被我们主体所意识，但仍然属于精神结构的范畴，以后我们讲记忆系统时再谈这个问题。

我们看到，精神结构的过程存在着一个随机的涨落，材料以离散的方式进入佛陀域被想象我所选择，被欧氏域加工；之后，从运动系统出去，或者回到记忆系统。这是我们已经讲过的。但是，存在着重复的动作、重复的言形，它们并不是每次都经过欧氏域和亚氏域，而是一个程序化的信息，可以被重复表达，我们对这一点的描述是（见图24-2）：

VII：内部信息从记忆系统→ MI →内外道→ a ME
　　　　　　　　　　　　　　b 外内道→中中道→ SI →记忆
　　　　　　　　　　　　　　（右左向）

图24-2　程序化信息通道示意图

这是内部程序化的信息的通道，是我们对上一次的图式的补充。

第六和第七是短程过程，第三和第四是长程过程。

学生：主体大于想象我和符号我，那么剩下的是不是实在？

霍大同：内内道和外外道仍然是精神结构，是超越于

第二十四讲 （2005年11月30日）

实在的，不被想象我和符号我所知觉的，这个假设是必须的。我想总结人类的经验，然后往前走。弗洛伊德说，梦是欲望的达成。如果梦是异于自我的，那么欲望是属于自我的吗？如果欲望是属于自我的，那么欲望就是可以被自我所理解的。这时，弗洛伊德说欲望是无意识的欲望，是异于自我的；在后期，弗洛伊德说欲望是它我的，而它我异于我，这就可以解释梦的现象。这个它我被拉康理解为言说的我。欲望是符号系统的插入导致的，是和语言连在一起的。但是，它我是如何异于我的呢？拉康说主体的欲望是大彼者的欲望。如果大彼者是外在的，当然是异我的；但当大彼者内化后，为什么又是异于我的呢？这个异于我们的东西仍然属于我们，因此，它一方面异于狭义的我，一方面又是属于我的，这样才有了一个关于主体的假设。

学生：关于上次讲的 IV，可不可以改成中中道？

霍大同：第四点 IV 可以修改为（见图24-3）：

IV：内信息 → MI → 内中道 → a → 外内道 → 中中道 → SI → 记忆
（右左向）

图24-3 内信息-记忆传递修正示意图

原来在外内道之后是左右向的内外道，现在修改为中中道。

学生：内内道既然是我们无法知觉到的，我们怎么能够证明其存在呢？

霍大同：这是一个推理的结果，是伟大的宗教家和哲学家的高峰体验告诉我们的。那些从他们脑袋中突冒出来的东西，是长期积累的结果，因此，存在着一个由渐悟到顿悟的过程。此外，还有一个制作的过程，一个记忆系统本身随机的涨落，这个过程的触发才会产生一个突冒。在佛陀域，这个过程仍然是主体的过程。想象我和符号我的工作本身给了随机涨落过程一个倾向，因此才有了高峰体验。还有一个重要的问题在于我们对记忆系统本身有一个假设，以后我会讲这个。因此，如果神经科学足够发达，就会在内内道观察到一个频繁的电反应过程，但人的叙述仅仅达到内中道；而对内内道，我们是不知道的，只有通过频繁的电反应来推测。但我们通过梦和高峰体验等主体经验来假设这个孕育过程，它是一个随机涨落的过程。

学生：刚才所说的长程和短程过程是指什么？

霍大同：长程都经过了外中道，而短程过程只经过了外内道和内外道。

第二十四讲 （2005年11月30日）

学生： 乔姆斯基的问题？

霍大同： 乔姆斯基是对亚氏屏的精细化，他讨论的是言和言的关系、动词短语和名词短语等等。

第二十五讲
（2005年12月7日）

　　Schreber变成女人的欲望分为三个阶段。首先第一个阶段是没发病之前，他在梦中觉得自己如果是个女人的话将会是非常好的事情；第二个阶段是在疾病发作之后，他感到自己的身体变成了女人，在梦中把自己作为被看的人而变成女人，是一个处于上面的状态；接着第三个阶段，他在精神病状态中感到自己的想象我，即躯体发生了变化，这是个更深的状态。在第二阶段，男性的意识和变成女人之间有个冲突，这个冲突是与上帝的冲突连在一起的。到了第三阶段，他和上帝合为一体了，从精神病的妄想到了妄想狂的妄想。在精神病的妄想中，所有人看他都是不正常的；在第三个阶段，除了他的妄想之外，一切都正常。Schreber变成女人的妄想，显然是个性的幻想——性幻想

第二十五讲 (2005年12月7日)

在精神病的幻想中是非常普遍的,并且是基本的主题。在这一点上,弗洛伊德认为儿童性欲是无所不在的,既存在于神经症中,也存在于精神病中。弗洛伊德早期的观点——男孩子害怕被阉割,而女孩子都是被阉割过的——这种观点是男性性欲的观点。而在 Schreber 个案中,我们发现并不是这样,幻想作为女人的欲望是更基本的欲望。因此,通过性别化过程成为男人或者女人的人都渴望成为女人或者男人,这是一个交替的过程,而并不是所有的人都渴望成为男人,或者害怕自己不是男人。这与小汉斯的个案正好形成对比:小汉斯关心的是自己的生殖器,是如何成为男人;而 Schreber 正好渴望去掉生殖器,变成女人。

弗洛伊德本人在早期遇到了儿童性欲的问题,他的解释具有很强的父性的东西,这影响了他对 Schreber 个案的阅读。后面,我们还要谈到这个问题。

下面,我们接着讲我们的模型,描述模型的基本结构。我们之前主要描述的是内部关系,今天开始描述外部关系。

在言和形的系统中,输入和输出都存在着如下图所示(见图25-1)的虚和实、我和彼。我和彼非常清楚,因此,彼形有虚和实的区分。同样,我形也是这样,言说系统也是这样的。这是从外部输入的角度来说的。但是，当外部信息进入记忆系统后，通过处理，我们才能有一个行动；这个处理就是一个重组。通过重组，我才发出信息——我接受的是彼者和我的信息，而发出的都是我的信息；因此，我定义从外部输入的所有信息都是实形，重构后就变成了虚形；这样，我和彼的关系也发生了变化。然后，这个信息被发出去，即实形变成虚形被重新发出去，言说系统也是这样。如果说这两个系统之间有差别的话，差别就在于相对于形的系统而言，言的系统是虚的；形和言的系统内部也有虚和实的区分。我们现在仅仅讨论一般性的问题，因此简化了这个模型。

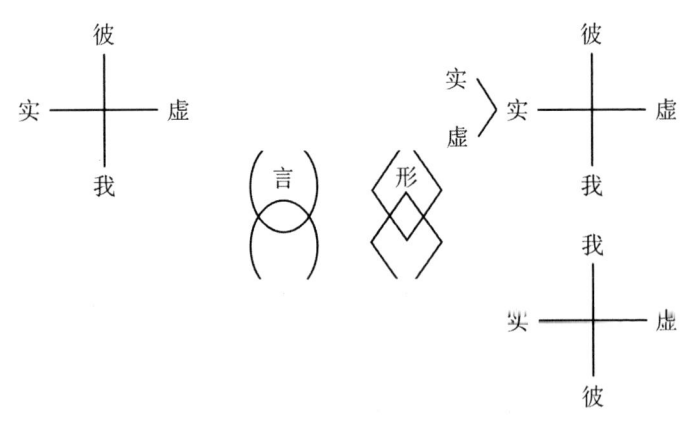

图25-1 言形系统虚—实示意图

第二十五讲 （2005年12月7日）

当一个主体我面对另外一个人，比如孩子面对母亲，就会左右颠倒。这样，一个彼者的系统和我的系统就有一个颠倒：存在着一个信息从我发出，被彼者接受，同时也被自己所接受；同样，彼者的信息一方面被他自己所知道，另一方面也被我所知道。为了表示这个关系，我画成以下相交的关系（见图25-2）。

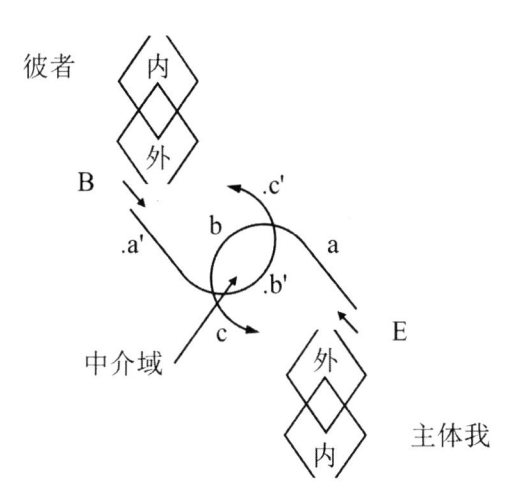

图25-2 我-中介域-彼者示意图

我：

I：$Ea \to Bb' \to Ec$　　　我形经中介域此侧被我看到

IIa：$Ea \to Eb \to Ec$　　　我形经中介域彼侧被我看到

IIb：Ea→Eb→Bb'→Bc'　我形绕中介域被彼者所看到

III：Ea→Bc'　　　　我形经中介域右侧被彼者所看到

彼者：

I：Ba'→Eb→Bc'　彼形经中介域的彼侧被彼者所看到

IIa：Ba'→Bb'→Bc'　彼形经中介域的此侧被彼者所看到

IIb：Ba'→Bb'→Eb→Ec　　彼形绕中介域被我所看到

III：Ba'→Ec　　　　彼形经中介域左侧被我所看到

这个中介域非常重要。在精神分析的领域，拉康在谈大彼者时，谈的是符号性彼者，是来自父亲的规则。在拉康那里，中介域是独立的，既属于我和彼者，又不属于我和彼者，可以说是一个公共域。比如，现在我所说的话可能是妈妈教的、老师教的，但话本身并不是妈妈发明的，也不是老师发明的；我接受的是一个父亲的东西。这个公共域是经济学界、人类学界的研究，属于法律道德体系。公共域是整个结构主义在强调符号性系统时所强调的。

在我的模型中，有一种行为是没有经过公共域的，或者说仅仅经过了公共域的边缘，这个边缘正是彼者构成的界限。从这个模型上，我们可以看到，没有纯粹我的东西，它始终是相对彼者而言，有些行为是可以被社会规范所接受的，有些是不被社会规范所接受的。因此，我形中

第二十五讲 （2005 年 12 月 7 日）

存在着仅仅被我所知觉、没有经过公共域的行为；还存在着经过了公共域、被我所知觉、也被彼者所接受的行为。

所有从外循环系统发出的行动都是虚形，被我们所接受的都是实形；而我们所接受的信息又有两种类型：一种是实形（或实实形），一种是虚形（或实虚形）。

在西方，左和右是镜像关系，是没有差别的；而在中国的空间结构中，左和右是不同的，不是纯粹的对称关系。因此，就有了第 III 种行为的交叉关系。

学生：第 III 种行为是什么意思？

霍大同：我想说的是，所有的行为都与中介域有关，第 III 种行为也与中介域有关，是擦着中介域的。并不存在一个完全独立于彼者的我，只是每种我的行为和彼者的关系不同，绕过中介域后就完全被彼者异化了。第 III 种行为的异化程度相对来说是比较低的。从结构的意义上说，没有私人语言；从内容上说，有私人语言。比如喃喃自语是自己对自己说，但在脑袋中还有个彼者。语言本身也是外部给定的，仍然与中介域连在一起；但差别在于自己对自己说与自己对彼者说仍然是不一样的；因此，经过中介域的左右侧是一个更自恋的原始状态。这个勾画的是精神分析的设置和自言自语的区别。

学生： 可不可以解释一下精神分析在言的系统中，我和彼者的关系？

霍大同： 可以用以下图表示（见图25-3）：

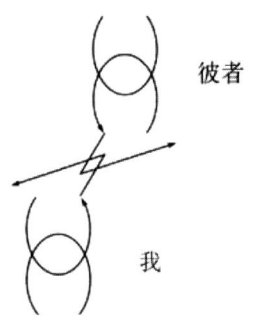

图25-3 在言系统中我与彼者关系图示

精神分析把言和形的关系拉开了，以言的关系为主；而在日常的关系中，二者是完全在一起的。

学生： 你画的是外部的我和彼者的关系，是不是还有一个内部的关系没有谈？

霍大同： 下一次，我会谈及记忆系统，内部记忆系统对外部信息的内化和处理。简单地说，整个精神结构的组合是虚和实的转换。以后我会详细谈。

第二十六讲
（2005年12月28日）

我们把上一次的模型总结为以下形式（见图26-1）：

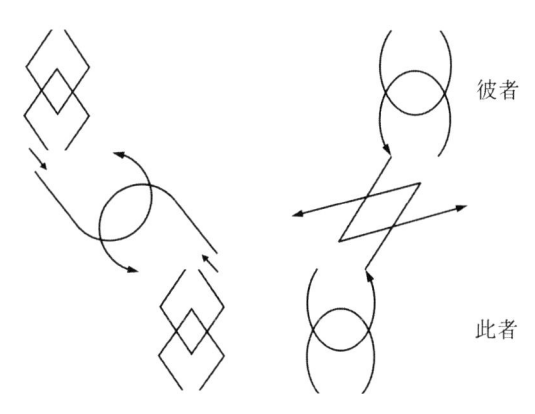

图26-1 彼者与此者关系图示

今天，我想说的是：彼者不仅仅是人，也可以是物；彼者和此者是一个更一般的纠缠关系。两个莫比乌斯带套在一起的关系，是此者和彼者套在一起的关系。我们讨论了三个这样的关系。今天，我想用一个例子来详细讨论。

在上学期，我谈了海森堡的猫的例子。海森堡是一位量子物理学家，他更多地讨论量子的粒子性以及重量和位置的关系，提出了测不准定律。当他发现动象和形象的这种关系时，举了一个被我们知觉的猫的例子。当时，我画了一个图：在一个视域中，猫从一个平面上冒起，我们看到一个黑点越来越接近我们，最后看到是猫；然后，猫又跑了。海森堡发现，当猫是黑点时，我们并不知道那是猫；当猫又变成黑点从地平线上消失时，我们始终觉得那是猫。因此，这里有三个过程（见图26-2）：

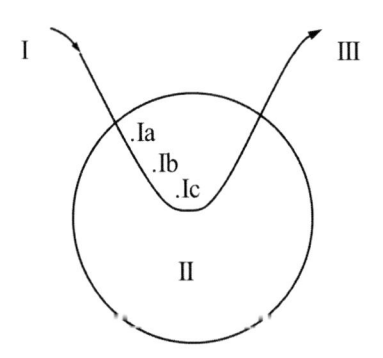

图26-2 海森堡的猫被知觉过程示意图

第一个阶段被分成了三个阶段：

Ia ＝动象＋形象

Ib ＝形象＋声象

Ic ＝质象＋声象

动象：一个黑点在运动

形象：是一只猫

质象：是一只花猫

声象：猫跑时有声音

第 I 阶段是从不确定到确定的过程，第 III 阶段始终是确定的过程，从不确定到确定是如何获得的？就是通过我们大脑的信息处理。在观察中，如果我们已经有语言了，我们就知道那是猫，是花猫——在我们的大脑中已经有想象和象征的结构来辨认我们所看到的东西。另外，我们还设想，孩子第一次看到猫，需要在第 II 阶段重新构造出猫的形象。关于这个构造的过程，我会在下一次谈记忆系统时讨论。

刚才我们说的是此者，即"我"站着不动，猫跑进来；反过来，猫不动，我们走过去，又离开猫，这两个过程是等价的。因此，此和彼是相互的，上图就可以变成下图（见图 26-3）：

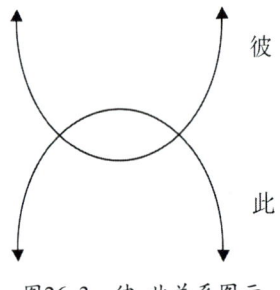

图26-3 彼-此关系图示

我用海森堡的猫的例子来说明两个问题：第一，彼者和此者的关系不仅是人和人的关系，也是人和物的关系；第二，彼和此的关系是相互纽结的关系。对于此者来说，如果彼者与我们没有关系，就是一个虚在，没有进入此者的内道、而从此者的外道离开；彼者相对于此者来说，就是虚在，即康德所说的物自体。所谓虚在，就是渴望变成一个实在的存在。如果说自在，则完全是个静止状态、纯粹的自恋状态。因此，精神病有一个想被彼者理解的欲望，这个欲望是实在的，在 Schreber 个案中非常清楚地呈现了这一点：弗洛伊德想要理解他，Schreber 发表自己的回忆录也是渴望得到全世界的理解。因此，我不说自在，而说虚在。

在法文中，自在是 en soi，自为是 pour soi。西方文

第二十六讲 （2005年12月28日）

化的困境在于：从亚里士多德到牛顿到波普尔的一派认为——比如牛顿力学——一个物体和另外一个物体之间是一个简单的碰撞关系，这个力是外部的；从亚里士多德到牛顿到波普尔的《开放社会及其敌人》，认为运动是外部的原因推动的，这是整个西方思想的主流。另外一派是一个支流，从柏拉图到黑格尔到马克思，这一派认为：一个事物的内部有相互矛盾的双方，并相互转换。但是，马克思有个幻想，他认为存在着一个没有矛盾关系的社会，而有矛盾的社会是偶然的。我的模型表示这种矛盾是必然的。

这种矛盾关系被拉康所接受，他讨论奴隶和主人的关系，主人辞说，也就是大学辞说。我有一篇文章[1]专门讨论这个关系。拉康的革命性在于他不认为有一天这样的一个依赖关系会消失。拉康晚年一直在研究波罗米结，他打破了整个西方人的幻想。黑格尔和马克思认为：虽然我们面对着一个有矛盾的社会，但总有一天这个矛盾会消失。从这点来说，拉康是悲观的。

---

[1] Huo Datong, *Singularité de la formation des analystes en Chine(cheng du)*, Formations des analystes Transmission de la psychanalyse, Revue de la psychanalyse, Éditions érès, 2003, p. 21.

在中国，阴阳哲学说的就是这个，但没有如此悲观。阴阳哲学认为这个世界生生不息，既不是西方的乐观主义，也不是西方的悲观主义，而是阴阳哲学的观点：独阴不长，独阳不长。阴阳哲学用一种非常自然的观点接受了世界的冲突，并解释了这个冲突。因此，西方社会才有自在和自为的问题。马克思说社会本身是自在的，当人们起来争取权利时，就是一个自为的阶级。

因此，我用中国传统的虚在和实在来说明一个更为一般的关系。

学生：当彼者不是一个人，而是物时，就没有人的思维和大脑，就不会有这样一个纽结关系？

霍大同：你这个问题是人提出来的问题。比如一个新修的房子一定比老房子坏得快，人是彼者，空气也是一个彼者；对于房子这个此者来说，二者影响是不一样的。

学生：可不可以再谈一下虚在和实在？

霍大同：如果我们这样谈虚在和实在，拉康的实在界就有问题。在法国，比如 Abibon，他们在读拉康的实在时，还是把实在看作是一个实体性的东西。他举了一个非洲大陆的例子：当非洲大陆没有被命名、被发现时，它就类似

第二十六讲（2005年12月28日）

一个实在；当它被发现、被命名后，就建立了符号界。在我这里，当我说虚在时，它就类似拉康的实在界，是不能被想象、不能被符号化，从此者的外道滑出去的东西。由虚变实就是被符号化的过程，是个充满了各种可能性的空间。

学生：虚在和实在的法文翻译是怎样？

霍大同：虚是 en vide，实是 en plain；虚还有另外一个词 virtuelle。对西方人来说，虚的东西是可怕的，而中国人说虚与西方人是不一样的。当他们说"Il est jeté dan la vide"（一个人投到了空中），就是说人死了，虚和死是联系在一起的；而中国人谈虚时，虽然有死亡感，但是没有这么强。

学生：虚在和佛教的空有什么关系？

霍大同：说到佛教的空，我会用"en vide"这个词，因为梵语与法语它们同属于印欧语系，对虚有个恐惧。中国人的虚词对应于西方人的语法词，西方人创造了一套语法系统来管理他们的语言，这种语法对中国人来说是虚词，在语法基础上建立的逻辑结构对中国人来说是虚结构。我上学期关于动名词的讨论可以回应这个问题。中国人可以自由地在名词和动词之间做游戏，而西方人不行，必须清楚地分开。如果说存在着一个核心，西方人使之分化为两个东西——动词和名词，而中国人没有区分，精神分析的解释是：西方人对虚结构的不确定性有个很强的焦虑，必须把虚结构确定下来才不焦虑；而中国人正好在不确定性中享乐，在虚结构中做游戏，并不害怕不确定性。因此，中国人不那么怕虚、怕空。

第二十七讲
（2006年1月4日）

Schreber在前期的精神病谵妄中有个最基本的妄想，就是被迫害妄想，而迫害者就是Schreber本人原来爱的对象。如何解释一个爱的对象变成迫害者的现象？弗洛伊德仍然是从性的方面来理解的，认为迫害者以前是被精神病患者当成爱的对象的。这个爱的对象通过一个翻转变成了迫害者。按照这个思路，弗洛伊德发现，在Schreber第一次疾病发作时，Flechsig是Schreber爱的对象，Schreber对他充满感激。他如何变成了迫害者？是因为Schreber在第二次疾病发作时有一个幻想，即他作为一个女人正在经历性交过程。在19世纪末20世纪初的社会背景下，性交是女下男上的方式，这种女人是被动者、男人是主动者的性交方式可以被看作是女人受到迫害，而男人是迫害者。

弗洛伊德认为一个最基本的爱的情感仍然是性的情感，处在男人位置上的是主动的、迫害的，而女人是被迫害的。因此，Flechsig 成了迫害者。

我想强调的一点是性行为和文化的关系。女在下、男在上，这种面对面的性交姿势不是人类诞生之时的姿势，也不是人类唯一的姿势。比如原来在非洲就不是这样的，是传教士到了非洲后传给非洲人的。有一个法国的电影《火之战》描述了一个场景，最早的人类性交姿势是女人躺着，男人从后面进入女人身体，后来才变成面对面的。同样地，中国也有这方面的资料。因此，性交姿势本身是个文化的结果。弗洛伊德强调生物学基础的性的作用，而拉康强调文化的作用。因此，我们必须对人类的性知识有个广泛的了解，理解人类性关系、人类性欲望。

以上是我对 Schreber 个案的评论，下面我继续介绍我的模型。

上一次，我们讲了精神的模型和外部彼者的关系。今天，讲它与记忆系统的关系（见图 27-1）。

第二十七讲 （2006年1月4日）

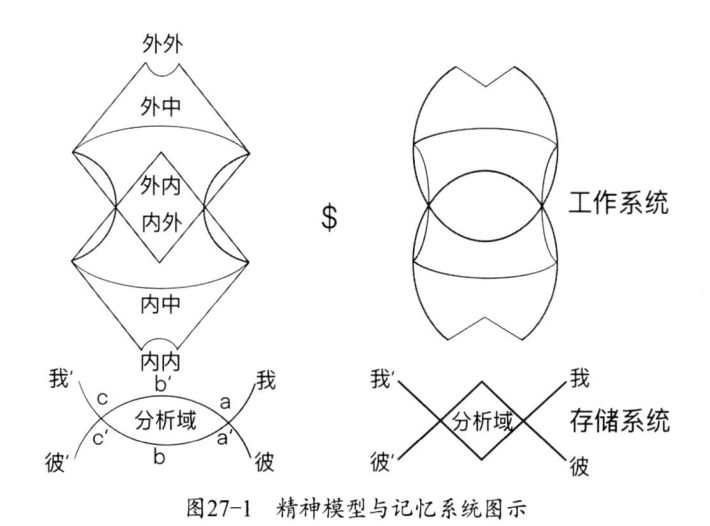

图27-1 精神模型与记忆系统图示

一、整个记忆系统包括三个部分：

I. 原始的综合记忆系统，即认知心理学的情节记忆。其基本特征是有先后顺序、流水帐式的，具有一定周期性，以彼者为中心。

II. 重组的分析记忆系统，是对原始综合记忆的分类。孩子第一天看到妈妈，第二天、第三天又看到了妈妈，于是孩子建立了关于妈妈的理想，把关于妈妈的所有活动都列在想象妈妈的名下，把原始的关于妈妈的信息重新提取出来放在一个想象妈妈的下面。这个分类是经由我们上学期讲的精神结构的人格式与认知式来完成的。认知式是中国的汉字模型，记忆中的分析域即是以它为基本模型的。因此，分析记忆是一个由形理想与音理想构成的二元网络。以"树"字为例，这个字的形象超越了任何具体的树的形象，汉字的形旁构成了形理想的代表；音理想"mu"这个声音超越于任何具体的声音，从而让我们都知道大家发的是"mu"音。记忆系统也有两个维度：一个形理想的维度、一个音理想的维度，这两个维度构成了二元网络。因此，原始的综合记忆必须有这样一个加工，才变成分析系统。

III. 重组的综合记忆系统，"我"变成"我"，"彼"变成"彼"。这个重组构成了我们行动的依据、言说的依据。比如，孩子刚开始不知道如何拿碗，母亲开始教孩子，孩子学会母亲的动作，把母亲拿碗的动作变成了自己拿碗的动作；这个过程必须经过一个重新组织。在分析记忆系统中，拿碗的动作有以下几个元素：我、妈妈、拿、碗。孩子对"妈妈拿碗"的记忆有个重构后变成"我拿碗"——"我拿碗"也是个综合性记忆，和"妈妈拿碗"一样；而妈妈、拿、碗是分析记忆。可以说，分析记忆对应的是词汇的平面，而综合记忆对应的是句子平面。因此，有两种重构：一种是分析记忆，一种是重构变成综合记忆。当孩子记住妈妈拿碗时,是以彼者为中心;而我拿碗是以我为中心。因此,原始的综合系统是以彼者为中心的,而重组综合记忆是以我为中心的,二者都是有先后顺序、流水帐式的,是有周期性的。

二、那么,这样一个原始的综合记忆是如何被重组的?我的假设是:

从 I → II,是内内道的工作。因为我们从未能够回忆起我们是如何把一个物抽象为一个理想的,我们必须假设一定有一个移动;我们把这个位移的工作归结为内内道的工作。

从 I → (II) → III,是内中道与外中道的工作。反过来说,内中道和外中道的工作就是重组从外部来的信息。

三、从图中,我们可以看到:从"我"到"我'"有两种可能:

I. (Ea → Eb → Ec) + (Ba' → Bb' → Bc') 是正常过程:原始的综合性记忆被重构了,我和彼者的关系改变。

II. (Ea → Bb' → Ec) + (Ba' → Eb → Bc') 是病理过程:原始的综合性记忆没有被重构,我和彼者的关系不改变。

在这两个过程中,其中有一个和彼者的关系被改变了,另一个和彼者的关系没有被改变,即精神分析所说的创伤性记忆。原始的综合性记忆没有被重构,但是呈现在我们的梦中,在内中道和外中道,在症状中。精神分析就是把创伤性记忆变成正常记忆,即把 II 的构成变成 I 的过程。

正常的记忆 I 至少可以分为四个不同的分支过程:

Ia:内内道的制作 ⎫
Ib:内内道→内外道的制作 ⎬ 属于精神结构内部的过程
Ic:内内道→内中道→外中道的制作 ⎭

Id:内内道→内中道→外中道→外内道的制作(属于输出过程)

同样,创伤性记忆 II 作为闯入者也在四个支过程中呈现,另外还增加第五个支过程:

IIa:内内道的制作 ⎫
IIb:内内道→内外道的制作 ⎬ 属于精神结构内部的过程
IIc:内内道→内中道→外中道的制作 ⎭

IId:内内道→内中道→外中道→外内道的制作(属于输出过程)

IIe:内内道→内中道→内外道的制作(幻听和幻视)

学生：能不能解释一下创伤性记忆？

霍大同：比如"妈妈打我"，把它重构为"我打妈妈"，这是正常制作。如果没有被变成"我打妈妈"，一种可能性是在记忆中，这个记忆从来没有被唤起，只是在内内道工作；另一种可能是回忆起了，但处于内中道；也可能以其为核心变成"婶婶打我"等，处于外中道，是对"妈妈打我"的一个伪装；还有可能变成一个行为，通过外外道表达出来了，比如极端的杀母的行为。如果"妈妈打我"被"我打妈妈"翻转，并通过"我打妈妈"来理解"妈妈打我"的事实，就不会有一个强制性的重复。

假设：中午吃饭的一个情节，孩子记住了几个东西。

妈妈在吃饭：——妈妈<u>拿着</u>筷子，<u>端着</u>碗，在桌子的<u>右边</u><u>吃</u>饭。

——妈妈拿着<u>红色</u>的<u>木</u>筷子，端着<u>白色</u>的<u>瓷</u>碗，在<u>黄色</u>的<u>方木</u>桌的右边吃饭，坐的<u>椅子</u>是一个<u>高</u>凳子。（作记号的地方为孩子记住的各个意象）

同样地：爸爸在吃饭，等等。

我在吃饭，等等。

所有的这些意象全部在分析域中，孩子所记住的最早那个动作是个粗略的动作，以后逐渐变得比较复杂，分析域变得越来越细致。孩子的综合记忆是妈妈吃饭，然后各个意象被分解掉，重构成一个新的综合记忆。这样，孩子就可以在第二天吃饭时说昨天妈妈吃饭，今天妈妈喝水。

第二十八讲
（2006年1月11日）

上一次，我们谈到了记忆系统。今天，我们继续。

有三种形式的记忆：原始的综合记忆；通过内内道的加工被加工为分析性记忆，这个分析性记忆的结构是被我们的人格公式和认知公式所描述的；然后，再被加工为重组的综合性记忆。大家对这个提了许多问题。这个循环系统类似一个机器：原料进去加工，先贮存起来，然后进行加工，完成后又放在一个地方。因此，存在着两种加工过程：一个是分门别类地储存起来，另一个是又变成综合记忆。记忆是储存系统，外循环和内循环系统是加工系统，每一次道都是加工程序。

外部信息是纠缠在一起的，是一种相互耦合的关系。我和彼在综合记忆中也是按这种关系储存的。外部信息被忠实不变地储存起来，这个信息属于实信息，然后被加工为分析信息，再被加工为综合信息；到了左边就成为虚信息，实信息就变成了虚信息。

当时，我举了猫的例子来谈外部我和彼之间相互组结的关系——海森堡的猫是实在的猫。还存在着一种情况，孩子首先在画片中看到猫，而画片中的猫和实际的猫是有差别的——画片中的猫象征着实际的猫，因此有象征的和被象征的猫。如果说实际的猫是实象，那么画片中的猫是虚像；因此，从外部进入到内部的信息有两种：一个是实像，一个是虚像。

这种区分是非常重要的，尤其是对文明的发展而言。萨特的一本自传《词语》写道，他的外公是个语言学家，他妈妈带着他住在外公家时，他就翻看外公的书；对他来说，百科全书中的猴子比动物园里的更真实。对孩子来说，有时候虚的比实的更真实。

如果我们定义从外部进来的都是实，那就有实实象和实虚象；反过来，这两个象被重构之后，都变成了虚象。如果是对实象的简单重组，我们就把它定义为实象；如果是一个复杂的重构，我们就把它定义为虚象。所谓的简单重组，指的是左边的象和原来右边的象有一个联系；而所

第二十八讲 （2006年1月11日）

谓复杂的重构，就是看不到二者之间的联系。这样，重组之后的象又分两类：虚实象和虚虚象。虚虚象看不到与外部的对应关系，这正是人脑的创造和表达。如果把这样的一个虚虚像传达出去，会导致外部世界的改变：一个是外部物质性的改变，一个是象征性系统的改变。人类发明了文字、照相机等改造了文化系统，整个变化之源就是虚虚像，它改变了人与人的关系。如果只是简单的重复，这个世界就没有变化，是一个简单的循环系统。如果要使我和彼都有个变化，就要有个重构，要创造出一些形象和声音。但也正是因为是虚虚像，要让外部接受它就很困难；因此，大量的虚虚像至少是通过内内道回到记忆系统的。越虚的象就越难以被人接受，这是人类创造性的困境，因此"虚虚形"和"虚虚言"是很难被接受的。同样，病理学过程就是这样一个虚虚像，它也是难以让彼者接受和理解的。正是因为这样，才需要分析家有一个不带偏见的耳朵去倾听。

精神分析的工作在于，如果自己都拒绝接受自己的虚虚形和虚虚言，那么他也不能够接受彼者的虚虚形和虚虚言。因此，首先应该接受自己的幻想和妄想，才能接受彼者的。

精神分析解读的是文化和自然的边界。如果仅仅在文化中打转，仍然是理解不了人的。要理解能指的界限，彼者始终是二重性的：虚在和实在，即自在和彼在。因此有一个东西是从来达不到的 —— 一个彼者有一个永远不能抵达的地方。我同意康德的看法，永远不可能穷尽彼者的虚在，它始终是一个二维的存在、悖论的存在。

所谓不带偏见是弗洛伊德早期的观点，是分析家与非分析家的区别。非分析家始终会带着一个道德的观点来听孩子说话，或鼓励、或抑制孩子讲话的内容和方式，因此我们在社会中有许多话是不能说的；但我们可以对着分析家说，因为分析家是在这些规则之外的。这并不意味着分析家只是坐在那里，他是有一个工作假设的，他通过这个工作假设来理解分析者，而这种假设与道德无关。

我们继续讲加工过程（见图 28-1）。

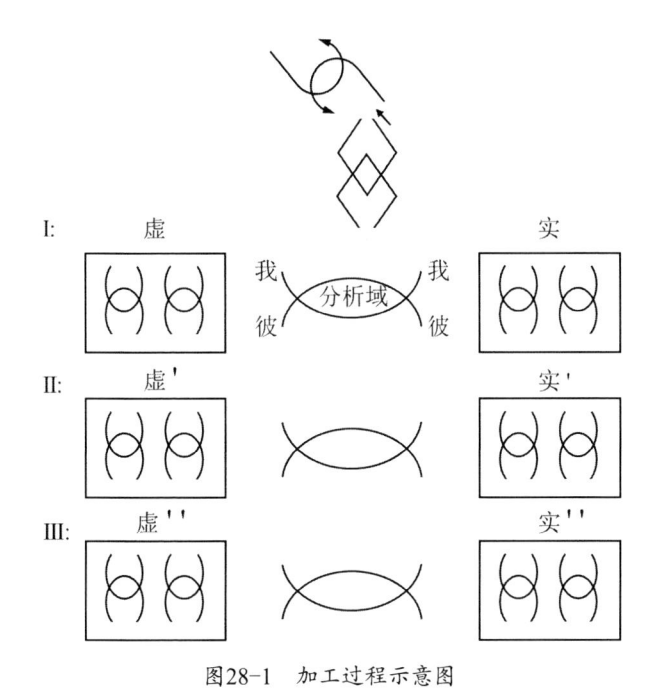

第二十八讲 （2006年1月11日）

图28-1 加工过程示意图

为了清楚地说明加工过程，我写成以下形式：

0：实象　分析域：内内道加工。

I：实→虚：内中道加工，并变成外中道的原材料。虚象在外中道再次被加工，又变成实象，即实'。

II：实'→虚'：外中道加工，并变成外内道的原材料。虚'象在外内道被加工，变成实"。

III：实"→虚"：外内道加工，通过外内道说出去，表现出去。

因此，这个加工过程至少要分成三级。我们可以把上面三个过程简化为下图（见图28-2）：

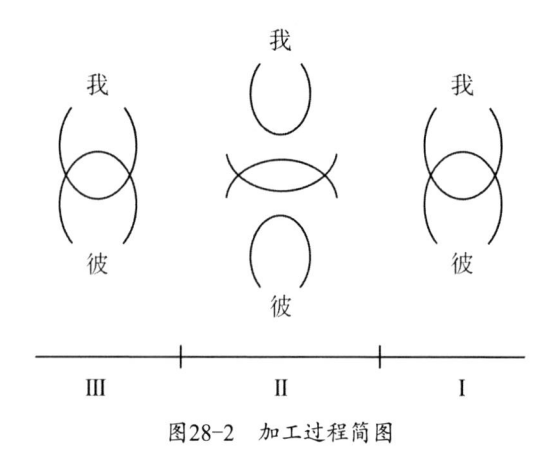

图28-2 加工过程简图

在第 I 个过程中，我和彼是相互纽结的关系；在第 II 个过程中，我和彼进入分析域，纽结关系被重组；在第 III 个过程中，我和彼重新纽结在一起，但和第 I 阶段的纽结关系已经不一样了。

因此，到了最后，虚"＝实，信息重新又回到 I。我们得以看到，这是一个差别性循环：重组的信息再次回来，但和原来的信息已经不一样了。因此，我们始终强调差异性——差异性正是我们精神结构的基本特征。如果没有

第二十八讲（2006年1月11日）

这个差异，仅仅是简单的重复，就只是一个热平衡状态，正是差异性使得它远离热平衡状态系统。其中起关键作用的是欲望。在实的系统中是以彼者为中心，通过重组过程变成以我为中心，输出后又是以彼为中心，循环到以我为中心。

学生：如何从第一界到第二界？

霍大同：这是一个结构性假设。一些材料作为原料在内中道被加工，加工后回到记忆系统，作为原料再被外中道加工，储存在记忆系统。当然，也存在反复被一个界加工的情况；还存在异常过程：材料作为创伤性经验没有被内中道完全加工就插入到外中道。

学生：符号和想象的问题。

霍大同：我这个图简化了，只画了言的系统，形的系统也是一样的。

学生：分析家的位置在哪里？是不是说分析家和分析者的关系永远是解不开的？

霍大同：比如，当分析者说某些话时，分析家有个干预，我和彼的关系就不一样了。我对父亲说和对母亲说的话不同，核心是个纽结；结构不变，但纽结的方式本身是可以改变的。我和彼的关系可以分成许多类型，但基本结构是一样的。分析家和分析者的关系与孩子和父亲的关系具有共同结构。因此，在分析家那里，有可能重新改变我和彼者的关系。精神分析的临床让我们面对了人的基本经验。

学生：转移是不是也是一种纽结？

霍大同：所谓的转移依赖于我们最早和父母的关系；当我遇到一个新的彼者时，就把原来和父母的关系转移过去。分析域是由不同的人格式和认知式给定的。因此，我和彼者的关系是由我基本的人格和认知方式决定的。

学生：分析言说与朋友之间言说的区别？

霍大同：作为分析者来说，和朋友言说很难打破他和彼者原来的关系。如果这个朋友是接受了分析的人，比如一个年轻的分析家请一个资深的分析家做控制分析，那就可以打破。

学生：如果彼者已经被我们内化了，是否我和彼的关系就不能调整了？

霍大同：当然可以调整。任何一个人，都有把以彼为中心的结构变成以我为中心的结构的能力。当然，还有一个异常的过程，就是没有办法解结。假如你们两个都有很强的解结能力，但当你遇到一个创伤性经验，而这个创伤性经验是超越于对方解结的能力时，那就只有求助于分析家。始终存在着一些结是解不开的，每个人都存在。正是在这个意义上说，每个人都应该做分析；但如果他觉得自己可以生活，就不会来做分析。

学生：为什么说始终存在着解不开的结？

霍大同：因为外部世界始终是以彼者为中心的，不是以我为中心的，结中始终存在着我无法抵达的地方。